2001年12月28日22:06 秦山二期1号机组首炉堆芯首次达到临界
从左到右。一排：宋家玉、蔡光明、唐国兴、潘泽飞；二排：杨兰和、孙月多、俞忠德、阮良成；
三排：张学圣、商幼明、戚屯锋

2020年10月21日15:09 华龙一号全球首堆（5号机组）首次临界
从左到右。一排：程宏亚、刘帅、何子帅；二排：蔡光明、肖冰山、章圣斌

2020年10月21日华龙一号全球首堆（5号机组）首次临界后，
赵皓、侯英东、徐金龙、刘学春等领导与大家合影留念

2021年9月12日9：35华能石岛湾高温气冷堆核电站示范工程1号反应堆首次临界，
作者与阮良成合影留念

压水堆核电厂物理试验及优化

蔡光明 著
赵 强 主审

哈尔滨工程大学出版社
Harbin Engineering University Press

内 容 简 介

本书介绍了压水堆核电厂物理试验的原理、方法及试验结果处理的示例,并给出了试验优化建议和优化实践。本书主要内容包括压水堆物理试验及核仪表系统,点堆中子动力学方程,反应性加法原理与反应性平衡方程,反应堆达临界,反应堆临界后的零功率物理试验、升功率物理试验、定期物理试验等,以及试验超差后的应对方法。

本书可作为压水堆核电厂物理试验人员的参考用书,也可供其他反应堆物理试验人员及反应堆物理研究人员参考。

图书在版编目(CIP)数据

压水堆核电厂物理试验及优化 / 蔡光明著. — 哈尔滨:哈尔滨工程大学出版社, 2024.11. — ISBN 978-7-5661-4532-1

Ⅰ.TM623.91

中国国家版本馆 CIP 数据核字第 2024HZ0313 号

压水堆核电厂物理试验及优化
YASHUIDUI HEDIANCHANG WULI SHIYAN JI YOUHUA

选题策划 石　岭
责任编辑 王　静
封面设计 李海波

出版发行	哈尔滨工程大学出版社
社　　址	哈尔滨市南岗区南通大街 145 号
邮政编码	150001
发行电话	0451-82519328
传　　真	0451-82519699
经　　销	新华书店
印　　刷	哈尔滨市海德利商务印刷有限公司
开　　本	787 mm×1 092 mm　1/16
印　　张	9.75
插　　页	1
字　　数	267 千字
版　　次	2024 年 11 月第 1 版
印　　次	2024 年 11 月第 1 次印刷
书　　号	ISBN 978-7-5661-4532-1
定　　价	59.80 元

http://www.hrbeupress.com
E-mail:heupress@ hrbeu.edu.cn

序

本书作者长期在核电厂从事反应堆物理和燃料管理领域的专业技术工作，超过25年的工作经历，使他不仅积累了丰富的经验，对反应堆物理的理论和方法也有了更加深刻的理解和认识。在实际工作中，他越来越深刻地认识到现有的一些反应堆物理书籍存在知识陈旧、对工程实际指导性不强等问题，而国内外核电厂多年的工程实践已经极大地丰富了反应堆物理试验的理论和方法，有必要在反应堆物理书籍中体现出这些新的内容。因此，本书作者萌发了将自己多年的研究成果进行归纳和整理，重新撰写一本理论与实践相结合、能够更好指导专业工作的反应堆物理试验专业书籍的念头。他在认真完成自己本职工作的同时，几乎利用了自己所有的业余时间，耗时数年，使《压水堆核电厂物理试验及优化》一书得以出版。

在这本书中，作者提出了一些在经典反应堆物理书籍中未阐述或阐述不同的内容；由一般反应性平衡方程推导出指定状态的反应性平衡方程，据此提出一些新的物理试验方法；对领域内常用的几个概念重新命名以避免混淆；优化了多种物理试验方法或数据处理方法，如功率系数测量方法优化、零功率物理试验下限测量、"一点法"技术应用等；首次提出了落棒法优化、氙补偿法测量慢化剂温度系数等方法。书中阐述了每个物理试验的原理、试验方法及试验数据处理方法，并尽量给出数据处理的例子。

本书是作者多年工作经验和研究成果的结晶，系统地介绍了来自工程一线的技术和方法，理论与实际结合紧密，对于核电厂相关领域从业人员来说是一本难得的专业指导书，对于高校核工程专业学生来说是一本很好的教学参考书。

彭敏俊
2024 年 11 月

前　言

在反应堆物理和燃料管理领域工作时间长了，一直想写点东西，因为该领域的书要么缺乏新内容，要么大同小异（曰"经典"）。本来想写一本关于反应堆物理的书，但本人学术水平有限，怕又写成"经典"了，不合适。最终还是决定写本人最熟悉的关于反应堆物理试验的书。与反应堆物理试验有关的书中，胡大璞、郑福裕编著的《核反应堆物理实验方法》是比较经典的一本。因此本书要加上"压水堆"三个字。

本人在多年工作过程中，发现反应堆物理试验基本上都是基于中子动力学的，因此本书专门有一章讨论点堆中子动力学方程，读者可能会发现一些经典反应堆物理书籍中未阐述的内容或阐述不一样的内容。例如，反应性阶跃情况下中子密度响应的例子，多本书照搬早年书中的示例（还有笔误的），本书则不一样，书中所有示例均是经过计算验证的。

另外，反应堆物理试验涉及大量的反应性相加及反应性平衡的内容，这在教科书中未见到过阐述。为此，本书专门有一章阐述反应性加法原理与反应性平衡方程。当然有人要问，原理、方程的依据是什么？我的回答是数学。只要有数学作为依据，我就不怕给出新的公式或原理。有了这个反应性平衡方程，我们就会发现一些物理试验曾经使用的平衡方程是不严谨的，甚至是错误的；有了这个反应性平衡方程，我们就可以推导出指定状态的反应性平衡方程，从而发现一些新的物理试验方法。

为了避免混淆，本书对领域内常用的几个概念进行了改名。例如，将末端反应性测量分为"末端反应性"和"末端价值"测量，在不同的试验中要使用不同的末端，而不是混为一谈；将反应性系数测量试验改为反应性系数比测量试验。

著者在工作和本书撰写过程中，优化了多项物理试验方法或数据处理方法，因此本书内容含有"优化"二字。在工作过程中的优化有功率系数测量方法优化、零功率物理试验下限测量、"一点法"技术应用等。落棒法优化、氙补偿法测量慢化剂温度系数等都是在本书撰写过程中首次提出的，其中氙补偿法测量慢化剂温度系数解决了有功率状态下的反应性系数测量的难题。

本书尽量阐述每个物理试验的原理、试验方法及试验数据处理方法，并尽量给出数据处理的例子。现在学术界不缺乏理论，但缺乏对一线数据的感性认识，这对培养学生理论联系实际的能力具有重要作用。

著者要感谢在本书撰写过程中给予帮助的人。一要感谢帮我审稿的西安交通大学的万承辉副教授、中国核电工程有限公司的杨海峰主任、秦山第二核电厂的刘臻研高、中国核动力研究设计院的王丹主任、中核运维技术有限公司的肖冰山研高，感谢主审哈尔滨工程大学的赵强教授，感谢他们给出的审稿意见。二要感谢左罗为本书绘制了部分插图。三要感谢我的领导肖冰山、阮良成、商幼明等同志对我试验优化改进的支持，感谢杨汝贞对本书出版的大力支持，感谢赵浩对本书出版的关心和支持，感谢潘泽飞早年给我的培训机会和对我的培养。四要感谢我的师傅、老前辈孙月多、唐国兴、王荣尔、吴锡锋、陈伦寿等对我业务上的指导和帮助，感谢胡永明、经荣清老师对我的鼓励。五要感谢班主任彭敏俊在我大学学业困难的时候向我伸出援手，以及在本书撰写过程中提供的帮助。

本书于2021年4月开始编写，至今已历时3年半多。写这么多就是说明自己写书的不易！

由于本人水平有限，书中难免存在不妥或错误之处，望广大读者不吝指正。本人邮箱：caigm@139.com。

著 者

2024年11月

目 录

第1章 压水堆物理试验及核仪表系统 ·················· 1
  1.1 压水堆及其物理试验 ·································· 1
  1.2 堆外核仪表系统 ······································ 2
  1.3 堆芯中子注量率测量系统 ······························ 7

第2章 点堆中子动力学方程 ······························ 12
  2.1 点堆模型中子动力学方程组 ···························· 12
  2.2 稳定状态 ·· 13
  2.3 临界状态 ·· 14
  2.4 瞬发临界状态 ·· 14
  2.5 无源状态 ·· 15
  2.6 超临界状态 ·· 16
  2.7 次临界状态 ·· 17
  2.8 周期法 ·· 18
  2.9 动态法 ·· 19
  2.10 逆动态法 ··· 22
  2.11 反应性与稳定状态 ··································· 22

第3章 反应性加法原理与反应性平衡方程 ················ 25
  3.1 反应性加法原理 ······································ 25
  3.2 反应性平衡方程 ······································ 26
  3.3 反应性系数 ·· 30
  3.4 反应性的几个概念补充说明 ···························· 32

第4章 反应堆达临界 ···································· 33
  4.1 反应堆达临界原理 ···································· 33
  4.2 反应堆达临界的判定 ·································· 35
  4.3 提棒达临界方法 ······································ 36
  4.4 提棒达临界方法的问题及优化 ·························· 38
  4.5 稀释达临界方法 ······································ 40

4.6 无外加中子源达临界ᐧᐧ 41
4.7 临界状态估算 ᐧᐧ 42
4.8 恢复临界 ᐧᐧ 42

第 5 章 确定多普勒发热点 ᐧᐧ 44
5.1 试验原理 ᐧᐧᐧ 44
5.2 试验方法 ᐧᐧᐧ 45
5.3 试验数据处理 ᐧᐧ 46

第 6 章 零功率物理试验下限 ᐧᐧ 47
6.1 试验方法 ᐧᐧᐧ 47
6.2 试验数据处理 ᐧᐧᐧ 47
6.3 零功率物理试验范围 ᐧᐧᐧ 48

第 7 章 探测器线性与重叠 ᐧᐧᐧ 49
7.1 试验数据处理 ᐧᐧᐧ 50

第 8 章 反应性仪校验 ᐧᐧ 52
8.1 反应性仪简介 ᐧᐧ 52
8.2 校验原理 ᐧᐧᐧ 53
8.3 试验方法 ᐧᐧ 53
8.4 周期计算方法 ᐧᐧᐧ 53
8.5 试验数据处理 ᐧᐧᐧ 54

第 9 章 末端反应性测量 ᐧᐧ 56
9.1 测量原理 ᐧᐧ 56
9.2 测量方法 ᐧᐧ 56
9.3 测量方法优化 ᐧᐧᐧ 57
9.4 试验数据处理 ᐧᐧᐧ 57

第 10 章 临界硼浓度测量 ᐧᐧᐧ 59
10.1 热态满功率临界硼浓度测量 ᐧᐧᐧᐧᐧᐧᐧᐧᐧᐧᐧᐧᐧᐧᐧᐧᐧᐧᐧᐧᐧᐧᐧ 59
10.2 零功率临界硼浓度测量 ᐧᐧᐧᐧᐧᐧᐧᐧᐧᐧᐧᐧᐧᐧᐧᐧᐧᐧᐧᐧᐧᐧᐧᐧᐧᐧᐧᐧᐧᐧᐧ 62

第 11 章 控制棒价值测量 ᐧᐧᐧ 65
11.1 调硼法 ᐧᐧᐧ 65
11.2 换棒法 ᐧᐧᐧ 69
11.3 落棒法 ᐧᐧᐧ 72
11.4 动态刻棒法 ᐧᐧ 76
11.5 次临界刻棒 ᐧᐧᐧ 81

| 11.6 | 控制棒价值测量方法小结 | 83 |

第12章 硼微分价值测量 … 85

第13章 慢化剂温度系数测量 … 86

13.1	试验原理	86
13.2	端点法	86
13.3	斜率法	87
13.4	测量结果修正	89
13.5	试验方法优化	90

第14章 寿期末慢化剂温度系数测量 … 96

14.1	调硼法	96
14.2	控制棒转换法	96
14.3	功率转换法	98
14.4	燃耗法	99
14.5	优化之氙补偿法	101
14.6	寿期末慢化剂温度系数测量方法小结	102

第15章 功率系数测量 … 103

15.1	试验原理	103
15.2	方法一	104
15.3	方法二	105
15.4	优化方法	105
15.5	多普勒功率系数的计算	107

第16章 反应性系数比测量 … 108

16.1	试验原理	108
16.2	试验方法	109
16.3	试验优化	110
16.4	数据处理	112

第17章 功率控制棒刻度试验 … 114

17.1	试验原理	114
17.2	试验方法	115
17.3	数据处理	115

第18章 功率分布测量 … 119

| 18.1 | 功率分布测量原理 | 119 |
| 18.2 | 三维功率分布重构 | 121 |

18.3	试验方法	122
18.4	数据处理	123
18.5	模拟弹棒、模拟落棒	123
18.6	优化之等效氙平衡	123
18.7	优化之状态一致	124

第 19 章 堆内外核测仪表互校 126

19.1	试验原理	126
19.2	多点法	129
19.3	一点法	132

第 20 章 氙振荡试验 134

20.1	试验方法	134
20.2	数据处理方法	135

第 21 章 HZP 到 HFP 反应性之差 137

21.1	试验原理	137
21.2	试验方法	137
21.3	数据处理	137
21.4	方法优化	138

第 22 章 物理试验结果偏差及原因 139

参考文献 142

第1章 压水堆物理试验及核仪表系统

本书主要讨论压水堆物理试验的原理、方法及其优化问题。为便于后续讨论,本章简要介绍压水堆的基本构成及压水堆物理试验的目的和意义。由于压水堆物理试验依赖堆外核仪表系统和堆芯中子注量率测量系统,因此本章对这两个系统的主要结构和原理也进行了简要介绍。

目前,国内已有30万千瓦CNP300、60万千瓦CNP600、百万千瓦157堆芯M310、百万千瓦177堆芯"华龙一号"、VVER-1000、AP1000、EPR等各型压水堆运行机组,还有CAP1000、VVER-1200、CAP1400、ACP100等在建压水堆机组,不同型号机组系统的设计有差异,但没有本质区别。本书为便于讲述,主要以装机量最多的百万千瓦157堆芯M310机组为主,辅以其他机组进行举例。

1.1 压水堆及其物理试验

压水堆是加压水慢化冷却反应堆的简称,由2个回路组成,如图1-1所示。其中,反应堆、稳压器、蒸汽发生器一次侧、主泵及连接管路构成一回路,为二回路提供蒸汽。由于蒸汽是核反应堆的能量来源,因此一回路也称为核蒸汽供应系统。发电机、凝汽器、给水泵、高/低压加热器、蒸汽发生器二次侧及连接管路等构成二回路,将蒸汽转化为机械能,再由发电机将机械能转化为电能输出。反应堆在一回路中采用轻水作为慢化剂和冷却剂,一回路压力一般控制在15.5 MPa,平均温度一般在300～310 ℃,并在设计上不允许冷却剂在一回路中沸腾。压水堆一般采用控制棒、一回路加硼酸及可燃毒物的方式控制反应堆的反应性,堆外一般在径向和轴向布置中子探测器对反应堆进行监督与保护。压水堆一般每1～2年进行一次换料,堆芯重新换料装载后要验证其性能是否与堆芯核设计一致,这就需要进行反应堆物理试验。

反应堆物理试验首先验证堆芯性能是否与堆芯核设计一致及堆芯是否有燃料错装载;其次,验证堆芯相关参数是否满足安全要求,反应堆是否可以安全运行;再次,验证核设计软件及事故分析所采用的假设是否合理;最后,获得修正相关工艺系统所需要的参数。

反应堆物理试验一般可分为启动物理试验和正常运行定期物理试验。启动物理试验又可分为临界试验、零功率物理试验和升功率物理试验。临界试验的项目主要有反应堆临界、确定多普勒发热点、零功率物理试验下限、零功率物理试验范围、探测器线性与重叠、反应性仪校验等。零功率物理试验的项目主要有临界硼浓度测量、控制棒价值测量、硼微分价值测量、慢化剂温度系数测量、功率分布测量等。升功率物理试验的项目主要有功率分布测量、反应性系数比测量、功率系数测量、堆内外核测仪表互校、氙振荡、零功率到满功率的反应性之差试验等。正常运行定期物理试验的项目主要有功率分布测量、堆内外核测仪表互校、慢化剂温度系数测量试验等。

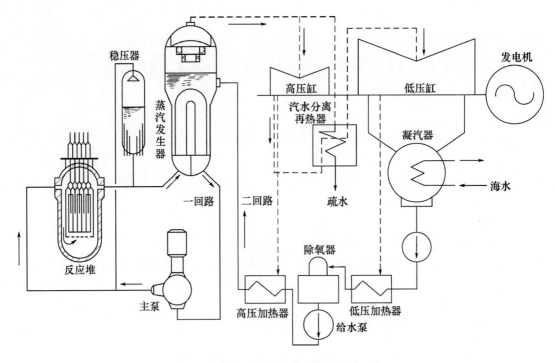

图 1-1 压水堆核电厂基本结构及原理图

计算机技术的发展及反应堆物理计算能力的提高,如反应堆核设计由二维、一维计算转变为三维计算,点堆动力学计算转变为三维动力学计算,反应性仪的电流宽量程测量能力的提高,都为反应堆物理试验的改进打下坚实的基础。物理试验优化就是为了提高安全性、经济性,或提高参数的测量精度,通过改进测量方法、减少不必要的项目或改进试验项目实施顺序来达到优化的目的;通过持续的物理试验优化,换料后的临界及零功率物理试验用时由过去的 2~3 d 缩短至 10 h。本书重点介绍压水堆物理试验方法及其优化。

1.2 堆外核仪表系统

堆外核仪表系统利用堆外中子探测器连续监测反应堆功率、功率变化、功率分布,从而实现对反应堆的监督与保护。在反应堆物理试验过程中,依靠堆外核仪表系统可获取必要的测量数据。另外,为保证该系统的信号正确,需要通过物理试验来确定相关参数。因此,在介绍物理试验原理前,首先介绍堆外核仪表系统。

1.2.1 堆外中子探测器测量原理

堆外核仪表系统与物理试验关系密切,这里简要介绍堆外中子探测器测量信号与反应堆功率之间的关系。

反应堆功率 P 可以表示为

$$P = \varphi \Sigma_f V E_f \tag{1-1}$$

式中，φ 为反应堆内的平均中子注量率，单位为 $n \cdot cm^{-2} \cdot s^{-1}$；$\Sigma_f$ 为燃料的宏观裂变截面，单位为 cm^{-1}；V 为反应堆堆芯体积，单位为 cm^3；E_f 为每次裂变放出的能量，对于压水堆 E_f 约为 200 MeV。

反应堆裂变产生快中子，绝大部分快中子被慢化，然后被堆内材料吸收，而极少量未被慢化的快中子会泄漏到堆外。泄漏到堆外某一点的(快)中子注量率与堆芯的快中子产生率成正比：

$$\varphi_{out} \propto \varphi \Sigma_f \upsilon \tag{1-2}$$

式中，φ_{out} 为泄漏到堆外某一点的中子注量率；υ 为核素每次裂变释放的平均中子数；$\varphi \Sigma_f$ 为堆芯的裂变反应率。

在某个时刻，核素每次裂变释放的平均中子数 υ 基本上可以认为是常数，则泄漏到堆外某一点的中子注量率与堆芯的裂变反应率成正比：

$$\varphi_{out} \propto \varphi \Sigma_f \tag{1-3}$$

则根据式(1-1)、式(1-3)可知，泄漏到堆外某一点的中子注量率 φ_{out} 与反应堆功率 P 成正比：

$$\varphi_{out} \propto P \tag{1-4}$$

中子探测器信号 I 可以表示为

$$I = \varphi_d \Sigma_d V_d k_d = n \upsilon \sigma N V_d k_d \tag{1-5}$$

式中，φ_d 为中子探测器所在位置的中子注量率，单位为 $n \cdot cm^{-2} \cdot s^{-1}$；$\Sigma_d$ 为中子探测器中子探测敏感材料的宏观截面，根据具体材料的不同可以是裂变截面也可以是吸收截面，单位为 cm^{-1}；V_d 为中子探测敏感材料的体积，单位为 cm^3；k_d 为每次中子反应的信号转换系数；n 为中子探测器所在位置的中子密度，单位为 $n \cdot cm^{-3}$；υ 为中子探测器所在位置的中子速度，单位为 $cm \cdot s^{-1}$；σ 为中子探测器中子探测敏感材料的微观截面，单位为 cm^2；N 为中子探测器中子探测敏感材料的核子密度，单位为 cm^{-3}。

对于具体的中子探测器，宏观截面、体积、转换系数是确定的，因此中子探测器信号与其所在位置的中子注量率成正比：

$$I \propto \varphi_d \tag{1-6}$$

则根据式(1-6)、式(1-4)可知，中子探测器信号与反应堆功率 P 成正比：

$$I \propto P \tag{1-7}$$

该结论是进行反应堆功率监督、保护及物理试验的重要理论依据。实际上，中子探测器所在位置除了有中子影响外，还有其他干扰，特别是伽马射线，会造成中子探测器信号无法与其所在位置的中子注量率成正比，也无法保证中子探测器信号与反应堆功率成正比。因此，为了保证测量的正比关系，应注意中子探测器抗伽马射线的设计或正确的参数设置。

1.2.2 堆外中子探测器类型及布置

反应堆从启动至满功率运行，其核功率的动态变化范围一般可达 11 个数量级，即从额定功率的 $10^{-9}\%$ 至额定功率的 100%。考虑到保护及事故监测，一般要求核功率监测能力范围从额定功率的 $10^{-9}\%$ 至额定功率的 200%。但是，仅使用一种探测器和电路难以满足如此宽泛的核功率测量要求，因此，堆外核仪表系统一般采用三种不同量程的测量通道来测量反应堆功率：源量程通道(source range channel, SRC)、中间量程通道(intermediate range channel,IRC)及功率量程通道(power range channel,PRC)。它们各自配备性能各异和测量范围不同的中子探测器。三种量程之间两两互有重叠(一般至少有两个数量级),确保从停堆直到满功率运行的整个阶段,系统都能提供连续、实时的信号监督和反应堆保护,如图1-2所示。

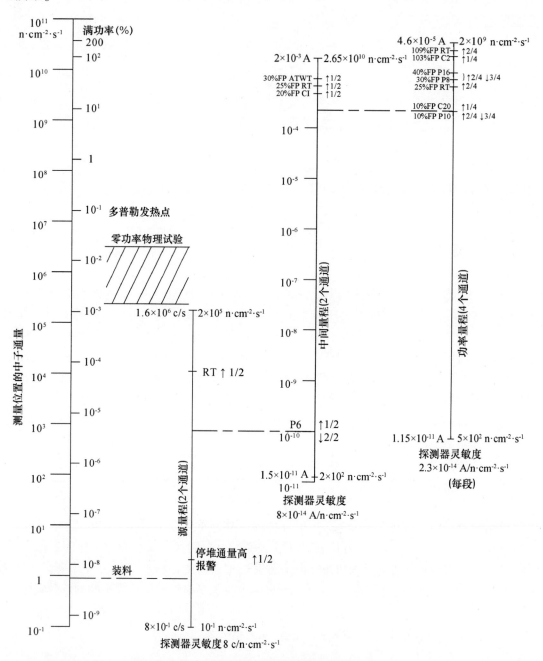

图1-2 堆外中子探测器测量范围

堆外中子探测器在反应堆堆坑的径向布置和轴向布置分别如图1-3和图1-4所示。在反应堆压力容器的四周防护墙内,共有8个探测器仪表井,呈45°排布;2个源量程探测器(正比计数管CP)和2个中间量程探测器(补偿电离室CIC)分别装在相同的2个圆筒形支架中，且位于90°和270°轴线上。圆筒形支架整体位于堆芯下部，其中源量程探测器的中心位置在堆芯下部1/4的位置，而中间量程探测器的中心位置在堆芯中部位置。4个功率量程探测器（非补偿电离室CIMC）为长电离室，轴向上分6个灵敏段，其中3个用于堆芯下部测量，3个用于堆芯上部测量。4个功率量程探测器分别装在4个相同的圆筒形支架中，且分别位于4个象限内呈45°的4个仪表井中。另外，在0°和180°轴线上留有2个备用井（PR）。所有堆外中子探测器的电流信号分别被送至4个仪表柜。

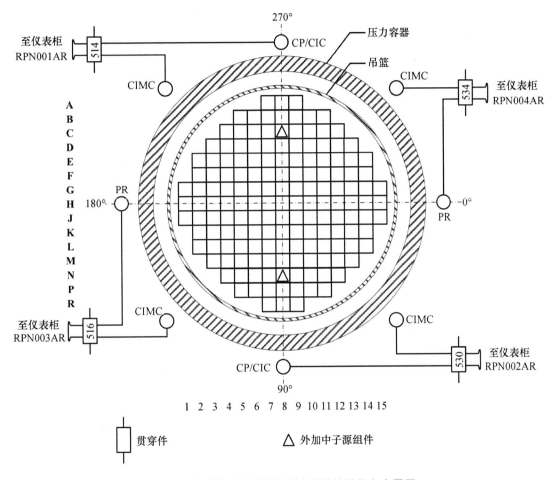

图1-3 堆外中子探测器在反应堆堆坑的径向布置图

源量程通道能在反应堆停堆期间和启动初始阶段提供测量信号，测量相对功率范围在$10^{-9}\%$FP~$10^{-3}\%$FP（full power，满功率）。源量程中子探测器采用涂硼计数管，中子与硼发生反应时放出带电粒子，带电粒子在气体中运动时使气体电离，在电场作用下电离气体运动到集电极从而产生较强的脉冲信号。然而伽马射线也会引起气体电离，并引起较小的脉冲信号，这就需要设置合适的甄别电压，确保中子计数率不受伽马射线的影响。

$$^{10}B + n \longrightarrow {}^{7}Li + {}^{4}He + 2.79 \text{ MeV}(6.1\%)$$
$$^{10}B + n \longrightarrow {}^{7}Li^* + {}^{4}He + \gamma(0.48 \text{ MeV}) + 2.31 \text{ MeV}(93.9\%)$$

中间量程通道测量相对功率范围在$10^{-6}\%$FP~100%FP。中间量程中子探测器是一个涂硼伽马补偿电离室，实际上由两个电离室组成，一个涂硼电离室测量中子与伽马的电流

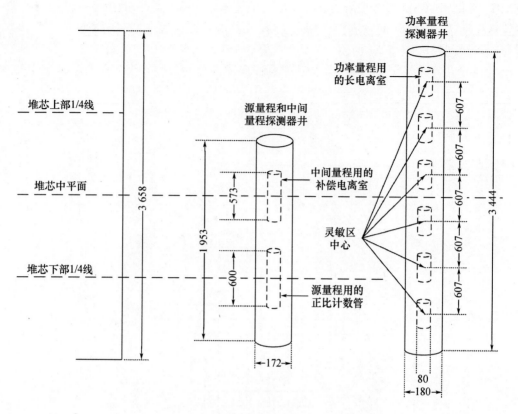

图 1-4 堆外中子探测器在反应堆堆坑的轴向布置图

信号,另一个不涂硼电离室只测量伽马的电流信号。通过电路的反向连接,中间量程探测器可只输出中子的电流信号。由于中间量程探测器可把伽马干扰消除,因此其拥有最大的测量范围。然而,实际上不涂硼电离室(伽马补偿电离室)与涂硼电离室的工艺参数相差较大,工作电压也相差较大。伽马补偿电离室的补偿电压如果设置不合适,将引起欠补偿或过补偿。所谓欠补偿,即电流信号中还有部分属于伽马电流的贡献;过补偿,即补偿电离室电压过高,导致输出电流过大,造成信号中还有部分中子电流被过多地抵消,电流信号偏小。因此,需要对中间量程中子探测器设置合适的补偿电压,确保中子探测器电流不受伽马射线的影响。

功率量程通道在轴向布置六个(段)非伽马补偿涂硼电离室,中子探测器的设计测量范围在 $10^{-6}\%FP \sim 200\%FP$。由于功率量程探测器没有进行伽马补偿,而换料后六段和伽马本底电流接近 $10^{-9}A$,因此换料后其功率量程测量下限只能达到 $10^{-3}\%FP$。而在系统要求上,功率量程有效测量范围达到 $10^{-1}\%FP \sim 200\%FP$ 即可。功率量程中子探测器的设计测量范围与功率量程有效测量范围不同,两者并不矛盾。功率量程有效测量范围是工艺系统的设计要求,而中子探测器的设计测量范围要求零功率物理试验需要接入功率量程中子探测器并使用该微电流信号。

1.3 堆芯中子注量率测量系统

堆芯中子注量率测量系统用于测量堆芯中子注量率,通过处理测量获得的数据可得到全堆芯功率分布,从而验证堆芯功率分布是否符合设计要求,包括堆芯装载的正确性、事故分析所用因子的保守性以及用于堆外核仪表系统中子探测器参数的校刻等。

1.3.1 堆芯中子探测器

堆芯中子探测器是堆芯中子注量率测量系统的核心部件。选用合适的中子探测器,才能准确、快速地得到功率的分布结果。在实验堆中,尽量使用活化箔测量中子注量和中子能谱,其最大的优点是灵活,能在任意位置放置并测量中子能谱。其缺点是效率低下,不适用于动力堆,动力堆一般使用离线或在线的中子探测器。

1. 离线中子探测器

为了减小探测器对堆芯的扰动,探测器要做得小一些;由于探测器很小,为保证有足够的信号,探测器上涂有高浓缩铀。中子探测器称为微型裂变(电离)室,涂有高浓缩铀的微型裂变室只能用于离线测量系统,否则涂有的少量高浓缩铀将很快在堆芯中被耗尽,从而使探测器失去中子探测功能。

微型裂变室外壳与驱动单元末端的同轴电缆相连。在测量孔道内移动测量时,探头两极加有恒定工作电压(又称偏置电压),该电压大小通过坪曲线测量确定。堆芯内热中子与探测器上的涂层 ^{235}U 反应产生带电碎片:

$$n + ^{235}U \rightarrow X_1 + X_2 + 2.43n$$

式中,X_1、X_2 是裂变碎片;n 是中子。

带电碎片使氩气电离并在电场作用下产生电流,该电流与入射热中子注量率成正比,这就是微型裂变室的工作原理。微型裂变室的中子注量率测量系统在压水堆中被广泛使用。

还有一种通过中子活化分析来测量反应堆堆芯中子注量率分布的方法。在燃料组件内安装有专门的测量孔道,一系列具有中子俘获能力的金属钒球(^{51}V,直径 1.7 mm)被由计算机精确控制的氮气流送入堆内测量孔道内,孔道内金属球的累积高度与堆芯轴向高度保持一致,待活化一定时间后,再把这些金属球"抽回",送至测量台测量活度,计算机对测量结果进行计算修正,得到各小球对应位置上的中子注量率分布,进而得到堆芯的三维功率分布。此种方法的原理是离线测量活化球的感生放射性,所以只能进行定期的测量而无法实现反应堆堆芯中子注量率的实时测量。钒测量中子注量率原理的反应式如下:

$$n + ^{51}_{23}V \longrightarrow ^{52}_{23}V$$
$$^{52}_{23}V \longrightarrow ^{52}_{24}Cr + \beta$$

2. 自给能探测器

自给能探测器具有结构简单、全固体化、小型化、经济性好等优点,探头使用时不需要外加偏置电压。由于自给能探测器适合在高温、高湿(甚至浸在水里)和强腐蚀的堆芯环境中长期工作,因此动力堆堆芯内部在线的中子探测器多是此类探测器。根据自给能探测器的类型,可将其分为衰变型自给能探测器和瞬变型自给能探测器两种。

自给能探测器的发射体要具有适中的中子活化截面,截面与中子能量的关系要尽量符合 $1/v$ 规律,衰变型发射体活化核的半衰期要短,β 粒子平均能量要大;瞬变型发射体中子俘获 γ 射线的转换效率要高,如果有其他伴随的同位素生成,其半衰期不能是长寿命的。适合作为发射体材料的主要有高灵敏度型的铑(^{103}Rh),低燃耗型的钒(^{51}V),快响应型的钴(^{59}Co)、铂(Pt)等,详见表1-1。

表1-1 常用发射体材料的物理数据

同位素	天然丰度/%	中子截面/b	活化核半衰期	β衰变最大能量/MeV	通量(或中子注量率)下每月燃耗/%
^{107}Ag	48.65	35	2.38 min	1.8	0.9
^{109}Ag	51.35	89	24.6 s	2.8	2.3
^{51}V	99.76	4.8	3.743 min	2.5	0.12
^{103}Rh	100	150	42.3 s(92%) 4.34 min(8%)	2.5	3.9
^{59}Co	100	37	10^{-14} s	—	1.0
天然 Pt	100	10	瞬时	—	0.25
天然 Er	100	162	瞬时	—	4.0
天然 Hf	100	102	瞬时	—	3.2

华龙一号和VVER使用铑自给能探测器,灵敏度高,但寿命较短。AP1000使用钒自给能探测器,灵敏度相对较低,但寿命较长。EPR使用钴自给能探测器,优点是能够瞬时响应,可以参与反应堆保护。大亚湾同类堆型基本上都采用移动微型裂变室,优点是可以有很高的信号,满功率下电流可以达到mA量级,因此采用这种中子探测器可以在0.1%FP低功率下进行功率分布测量;缺点是系统有机、电、仪设备,容易出现故障。总体来说,自给能探测器的优点是系统简单可靠,但其一般至少要在10%FP功率水平才能有可靠的信号;缺点是自给能探测器之间无法进行灵敏度互校,只能靠出厂质量控制和积分电荷修正。

3. 衰变型自给能探测器

衰变型自给能探测器的发射体(如^{103}Rh、^{51}V、^{107}Ag、^{109}Ag等)与中子(n,γ)发生反应生成活化核,以铑与中子的反应及衰变链为例(图1-5),可写出如下方程:

$$\frac{dN_{104_{Rh}}}{dt} = x_1 \sigma_a^{103} N_{103_{Rh}} \varphi + y_1 \lambda_{104m} N_{104m_{Rh}} - \lambda_{104} N_{104_{Rh}} \quad (1-8)$$

$$\frac{dN_{104m_{Rh}}}{dt} = x_2 \sigma_a^{103} N_{103_{Rh}} \varphi - \sigma_a^{104m} N_{104m_{Rh}} \varphi - \lambda_{104m} N_{104m_{Rh}} \quad (1-9)$$

$$\frac{dN_{105\text{Rh}}}{dt} = \sigma_a^{104\text{m}} N_{104\text{m}\text{Rh}} \varphi - \lambda_{105} N_{105\text{Rh}} \quad (1-10)$$

式中，$N_{103\text{Rh}}$ 为发射体 ^{103}Rh 的核子数；$N_{104\text{Rh}}$、$N_{104\text{m}\text{Rh}}$ 分别为 ^{104}Rh、$^{104\text{m}}\text{Rh}$ 的活化核数；σ_a^{103}、$\sigma_a^{104\text{m}}$ 分别为 ^{103}Rh、$^{104\text{m}}\text{Rh}$ 的中子微观吸收截面；φ 为热中子注量率；λ_{104}、$\lambda_{104\text{m}}$、λ_{105} 分别为 ^{104}Rh、$^{104\text{m}}\text{Rh}$、^{105}Rh 核的衰变常数；x_1、x_2 分别为 ^{103}Rh 吸收中子时 ^{104}Rh、$^{104\text{m}}\text{Rh}$ 的产额，$x_1 + x_2 = 1$；y_1、y_2 分别为 $^{104\text{m}}\text{Rh}$ 衰变时 ^{104}Rh、^{104}Pd 的产额，$y_1 + y_2 = 1$。

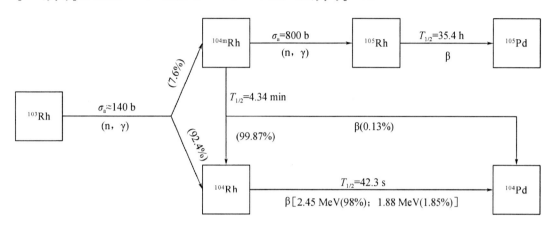

图 1-5 铑与中子的反应及衰变链

当达到平衡时，式(1-8)、式(1-9)、式(1-10)都等于零。将以上 3 个式子相加：

$$\sigma_a^{103} N_{103\text{Rh}} \varphi - \lambda_{105} N_{105\text{Rh}} - y_2 \lambda_{104\text{m}} N_{104\text{m}\text{Rh}} = \lambda_{104} N_{104\text{Rh}} \quad (1-11)$$

再将式(1-9)、式(1-10)分别代入式(1-11)：

$$\sigma_a^{103} N_{103\text{Rh}} \varphi - \lambda_{105} N_{105\text{Rh}} - y_2 (x_2 \sigma_a^{103} N_{103\text{Rh}} \varphi - \sigma_a^{104\text{m}} N_{104\text{m}\text{Rh}} \varphi) = \lambda_{104} N_{104\text{Rh}}$$

$$\sigma_a^{103} N_{103\text{Rh}} \varphi (1 - y_2 x_2) - \lambda_{105} N_{105\text{Rh}} + y_2 \lambda_{105} N_{105\text{Rh}} = \lambda_{104} N_{104\text{Rh}} \quad (1-12)$$

$$\sigma_a^{103} N_{103\text{Rh}} \varphi (1 - y_2 x_2) - y_1 \lambda_{105} N_{105\text{Rh}} = \lambda_{104} N_{104\text{Rh}}$$

由于 λ_{104} 是 λ_{105} 的 3 000 倍，可以证明 ^{104}Rh 的核子数也比 ^{105}Rh 多。因此，相比之下，^{105}Rh 核的衰变可以忽略，则式(1-12)可以简化为

$$\sigma_a^{103} N_{103\text{Rh}} \varphi (1 - y_2 x_2) \approx \lambda_{104} N_{104\text{Rh}} \quad (1-13)$$

由式(1-13)可以知道，达到平衡时 ^{104}Rh 的核子数与热中子注量率成正比。即活化核以一定的半衰期进行 β 衰变，平衡后单位时间内生成的活化核数等于衰变的活化核数，简化表示如下：

$$K_\varphi N_0 \hat{\sigma} \varphi = \lambda N \quad (1-14)$$

式中，K_φ 为中子自屏蔽系数；N_0 为发射体核子数；$\hat{\sigma}$ 为发射体有效中子微观截面；φ 为热中子注量率；λ 为活化核的衰变常数；N 为活化核数。

在活化核衰变中可产生高能 β 粒子流，其中的一部分穿透绝缘层到达收集体，在外电路中形成一个稳定的 β 电流。由式(1-15)可以看出，β 电流与热中子注量率成正比：

$$I = e k_e K_\varphi N_0 \hat{\sigma} \varphi \quad (1-15)$$

式中，k_e 为电子收集因子；e 为一个电子的电量，$e = 1.6 \times 10^{-19}$ C；I 为收集体形成的电流，单

位为 A。

因此,测量自给能探测器产生的 β 电流即实现了中子注量率的探测。衰变型探测器的电流成分中还包括中子俘获 γ 射线产生的瞬变电流,它们一般只占总信号电流的百分之几,不能改变衰变型探测器对通量变化慢响应的特征,可忽略不计。

4. 瞬变型自给能探测器

瞬变型自给能探测器的发射体(如 ^{59}Co)与中子(n,γ)发生反应,形成激发核:

$$n + {}^{59}_{27}Co \longrightarrow {}^{60m}_{27}Co + \gamma$$

$$^{60m}_{27}Co \longrightarrow {}^{60}_{27}Co + \gamma$$

激发核通过放出中子俘获 γ 射线回到基态,俘获 γ 射线以一定的概率在发射体和绝缘体中打出康普顿电子和光电子,从而在外电路形成一个正比于中子注量率的电流。

瞬变型探测器要经过二次相互作用才能将中子转换成电子,其转换效率很低,只有 β 衰变过程的 1%~2%,但是这类探测器能反映中子注量率的瞬时变化。

1.3.2 离线中子探测器堆内布置

本小节以大亚湾同类堆型简要介绍离线中子探测器在堆内的布置情况。中子探测器以微型裂变室为例,其外径仅为 4.7 mm,长度(包括头部)为 66 mm,灵敏区长度为 27 mm。微型裂变室的中央灵敏电极涂有 ^{235}U 丰度为 90% 的氧化物,两层同心包壳之间充入氩气。微型裂变室端部连接驱动和导电两用的螺旋形电缆。

堆芯布置中子注量率测量通道 50 个,插在燃料组件的仪表管中,其在堆芯的布置如图 1-6 加灰部分所示。在测量通道内,沿指套管从堆芯底部插入堆芯顶部,在计算机控制下,中子探测器在指套管内部回抽期间记录探测器信号和高度,从而在整个堆芯高度上逐点测量中子注量率。

5 个探测器在 5 个驱动装置的控制下,1 次可完成 5 个测量通道堆芯活性区的测量,10 次可完成全堆芯的测量。由于需要校正不同探头灵敏度之间的差异,因此至少需要增加 1 次测量。表 1-2 是典型的全堆芯注量率图测量顺序,其中,第 1~2 个测量序号为循环互校准阶段,第 2~11 个测量序号为全堆芯测量阶段。在循环互校准阶段,5 个探测器通过 2 次错开测量相同的 5 个位置,在相邻探测器之间建立灵敏度关系,从而确定所有探测器的相对灵敏度。5 个探测器也可以通过测量同一个通道号来确定所有探测器的相对灵敏度,只是这种方式效率较低,耗时偏长,所以较少采用。

表 1-2 典型的全堆芯注量率图测量顺序

测量序号	1号探测器	2号探测器	3号探测器	4号探测器	5号探测器
1	11	21	31	41	1
2	1	11	21	31	41
3	2	12	22	32	42
4	3	13	23	33	43

表1-2(续)

测量序号	1号探测器	2号探测器	3号探测器	4号探测器	5号探测器
5	4	14	24	34	44
6	5	15	25	35	45
7	6	16	26	36	46
8	7	17	27	37	47
9	8	18	28	38	48
10	9	19	29	39	49
11	10	20	30	40	50

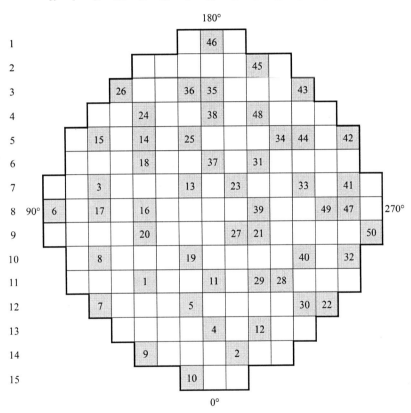

图1-6 奇数机组中子注量率图测量通道位置

注:图中通道号为奇数机组的编号。

第 2 章　点堆中子动力学方程

反应堆的反应性与反应堆的运行、物理试验等密切相关。点堆中子动力学用于通过堆外中子探测器的信号获得反应性,因此,本章重点对点堆中子动力学方程进行详细讨论。

2.1　点堆模型中子动力学方程组

当反应堆中各点处的中子密度随时间变化比例相同时,可将反应堆堆芯视为一个点,从而得到点堆模型中子动力学方程组,表示如下:

$$\frac{\mathrm{d}n(t)}{\mathrm{d}t} = \frac{k_{\mathrm{eff}}(t)(1-\beta_{\mathrm{eff}})-1}{l_0}n(t) + \sum_{i=1}^{6}\lambda_i c_i(t) + q \quad (2-1)$$

$$\frac{\mathrm{d}c_i(t)}{\mathrm{d}t} = \frac{k_{\mathrm{eff}}(t)\beta_{i\mathrm{eff}}}{l_0}n(t) - \lambda_i c_i(t) \quad (2-2)$$

式中,$n(t)$ 为中子密度,单位为 $\mathrm{n/cm^3}$;t 为时间,单位为 s;k_{eff} 为有效增殖因子;β_{eff} 为缓发中子的有效份额;$\beta_{i\mathrm{eff}}$ 为第 i 组缓发中子的有效份额;l_0 为瞬发中子平均寿命,单位为 s;λ_i 为第 i 组缓发中子衰变常数,单位为 $\mathrm{s^{-1}}$;$c_i(t)$ 为第 i 组缓发中子的先驱核密度,单位为 $\mathrm{cm^{-3}}$;q 为中子源强度,单位为 $\mathrm{n/(cm^3 \cdot s)}$。其中:

$$\beta_{\mathrm{eff}} = \sum_{i=1}^{6}\beta_{i\mathrm{eff}} = I\sum_{i=1}^{6}\beta_i \quad (2-3)$$

式中,I 为缓发中子价值因子,一般大型压水堆 $I=0.97$。

由于临界附近的问题较多,为了讨论方便,这里引入一个反应性的定义,即反应堆偏离临界的程度,公式如下:

$$\rho \equiv \frac{v\Sigma_{\mathrm{f}} - \Sigma_{\mathrm{a}}(1+L^2 B_{\mathrm{g}}^2)}{v\Sigma_{\mathrm{f}}} \quad (2-4)$$

有效增殖因子定义如下:

$$k_{\mathrm{eff}} \equiv \frac{v\Sigma_{\mathrm{f}}}{\Sigma_{\mathrm{a}}(1+L^2 B_{\mathrm{g}}^2)} \quad (2-5)$$

式中,Σ_{a} 为燃料的宏观吸收截面;L 为中子扩散长度;B_{g}^2 为反应堆的几何曲率。

根据式(2-4)、式(2-5)得到

$$\rho = \frac{k_{\mathrm{eff}} - 1}{k_{\mathrm{eff}}} \quad (2-6)$$

瞬发中子平均寿命计算如下:

$$l_0 = \frac{1}{v\Sigma_{\mathrm{a}}(1+L^2 B_{\mathrm{g}}^2)} \quad (2-7)$$

式中,v 为中子平均速度,单位为 m/s。

裂变中子从产生到被吸收后引起下一次裂变的平均代时间定义为

$$\Lambda \equiv \frac{1}{v\upsilon\Sigma_{\mathrm{f}}} \quad (2-8)$$

式中，Λ 是瞬发中子平均代时间，单位为 s。

根据式(2-5)、式(2-7)、式(2-8)得到

$$\Lambda = \frac{l_0}{k_{\mathrm{eff}}} \quad (2-9)$$

根据式(2-6)和式(2-9)，点堆中子动力学方程组还可以写成以下更常用的形式：

$$\frac{\mathrm{d}n(t)}{\mathrm{d}t} = \frac{\rho - \beta_{\mathrm{eff}}}{\Lambda} n(t) + \sum_{i=1}^{6} \lambda_i c_i(t) + q \quad (2-10)$$

$$\frac{\mathrm{d}c_i(t)}{\mathrm{d}t} = \frac{\beta_{i\mathrm{eff}}}{\Lambda} n(t) - \lambda_i c_i(t) \quad (2-11)$$

点堆中子动力学方程组忽略了反应堆的空间效应，主要用来研究反应堆在时间上的变化规律。对于比较缓慢或比较小的反应性变化，点堆中子动力学方程能满足工程应用要求；而对于比较快速且比较大的反应性变化，由于空间效应的影响，点堆模型的误差较大。

在工程实践上，由于压水堆堆芯布置、探测器布置等方面的原因，一般用点堆模型即可满足工程要求。在反应堆物理试验和运行过程中需要大量应用到点堆中子动力学方程。

2.2 稳定状态

当反应堆处于稳定状态时，即

$$\frac{\mathrm{d}n(t)}{\mathrm{d}t} = 0$$

$$\frac{\mathrm{d}c_i(t)}{\mathrm{d}t} = 0$$

求解点堆中子动力学方程组可得

$$n = -\frac{q\Lambda}{\rho} \quad (2-12)$$

式(2-12)称为次临界公式，其中反应性 ρ 表征反应堆的次临界度。次临界公式表征在次临界系统稳定状态下中子密度与次临界度的关系。在中子源存在的情况下，次临界系统内的中子密度趋近于一个稳定值。若中子源为 0，则反应堆的功率水平最终也是 0。若中子源为 0 且反应性等于 0，则反应堆处于临界状态，功率水平可以保持在任意水平。式(2-12)可变换为

$$\rho = -\frac{q\Lambda}{n} \quad (2-13)$$

根据式(2-13)，系统内存在中子源的情况下，当 $n \to \infty$ 时，则 $\rho \to 0$，反应堆便达到临界状态。在有中子源的情况下，系统的稳定态实际上是一个"次临界"状态。而实际的反应堆达临界时，中子源强度相对于堆芯的中子注量率密度可以忽略，即 $q = 0$，$\rho = 0$。

2.3 临界状态

当反应堆处于临界状态，即 $k_{eff}=1$（或 $\rho=0$）时，点堆方程可以转变为

$$\frac{\mathrm{d}n(t)}{\mathrm{d}t}+\sum_i\frac{\mathrm{d}c_i(t)}{\mathrm{d}t}=q \tag{2-14}$$

如图 2-1 所示，当反应堆处于临界状态且中子源不为 0 时，反应堆功率随时间线性增长，即

$$\frac{\mathrm{d}n(t)}{\mathrm{d}t}=\text{常数}$$

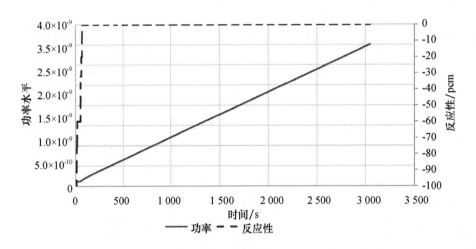

图 2-1 有源临界下堆芯功率随时间的变化规律

当反应堆处于临界状态且中子源为 0 时，则上式变为 $\frac{\mathrm{d}n}{\mathrm{d}t}=0$，即此时反应堆功率保持稳定，且可以稳定在任意功率水平上。然而，即使不使用外加中子源，堆芯中的中子源也不为 0，这主要是由于 $^{238}\mathrm{U}$ 等核素都会自发裂变产生中子，特别是已辐照燃料组件将积累大量超铀锕系核素，其能够通过自发裂变反应、(α,n) 反应释放大量中子而成为中子源，因此该条件理论上难以成立。实际上，当反应堆功率足够高时，中子源可以忽略，即临界的反应堆可以稳定在任意功率水平上。

2.4 瞬发临界状态

当 $\rho=\beta_{eff}$ 时，式（2-10）右边第一项 $\frac{\rho-\beta_{eff}}{\Lambda}n(t)=0$，即使反应堆没有右边两项中子的贡献也能临界，此时反应堆达到瞬发临界状态。反应堆达到瞬发临界状态后，功率将暴涨，极其危险，因此反应性控制中不允许发生瞬发临界，即要求 $\rho<\beta_{eff}$。

为了描述反应堆功率变化的快慢，一般用反应堆周期、倍增周期或启动率来计算和监

督。反应堆功率水平变化 e 倍的时间，称为反应堆周期、渐近周期或稳定周期，简称周期；倍增周期表示反应堆功率水平变化一倍所需的时间；1 min 反应堆功率水平变化倍数的对数（以 10 为底），称为启动率。

工程设计上一般要求反应堆的启动率小于 1 DPM（decades per minute，十倍每分钟），即倍增周期大于 18 s，对应的反应性要求为 ρ<150 pcm，实际控制一般不允许反应性超过 100 pcm。如果反应性过大，周期过短，则需要下插控制棒直到倍增周期大于 40 s；如果反应性大于 200 pcm，或倍增周期短于 12 s，则反应堆可能难以控制，建议立即停堆。反应性控制要求及行动参见表 2-1。

表 2-1 反应性控制要求及行动

反应性/pcm	倍增周期/s	启动率/DPM	每分钟增长	超出控制要求的行动
<50	>100	<0.2	<1.5	无
<100	>40(36)	<0.5	<3	如果倍增周期持续超出，则下插控制棒，直到倍增周期大于 40 s
<150	>18	<1	<10	如果倍增周期持续超出，则下插控制棒，直到倍增周期大于 40 s
<200	>12	<1.5	<32	如果倍增周期持续超出，则立即停堆

2.5 无源状态

假设中子源项为 0 或可忽略，点堆方程组可写成以下形式：

$$\frac{dn(t)}{dt} = \frac{\rho - \beta_{eff}}{\Lambda} n(t) + \sum_{i=1}^{6} \lambda_i c_i(t) \quad (2-15)$$

$$\frac{dc_i(t)}{dt} = \frac{\beta_{ieff}}{\Lambda} n(t) - \lambda_i c_i(t) \quad (2-16)$$

根据以上方程，反应性的计算表达式如下：

$$\rho = \Lambda \frac{\dfrac{dn(t)}{dt}}{n(t)} + \beta - \sum_{i=1}^{6} \frac{\beta_i}{\dfrac{dc_i(t)}{dt} \cdot \dfrac{1}{\lambda_i c_i(t)} + 1} \quad (2-17)$$

可以证明，当反应性为常数且稳定时间足够长时，可以假设中子密度、缓发中子先驱核密度均按指数变化，且变化周期相同，即

$$n(t) = n_0 e^{\frac{t}{T}} \quad (2-18)$$

$$c_i(t) = c_{i0} e^{\frac{t}{T}} \quad (2-19)$$

式中，T 为中子密度、缓发中子先驱核密度变化的 e 倍周期，即反应堆周期，单位为 s；n_0、c_{i0} 分别为 0 时刻的中子密度、缓发中子先驱核密度。

则有

$$T = \frac{n(t)}{\dfrac{\mathrm{d}n(t)}{\mathrm{d}t}} \tag{2-20}$$

$$T = \frac{c_i(t)}{\dfrac{\mathrm{d}c_i(t)}{\mathrm{d}t}} \tag{2-21}$$

那么反应性的表达式变为

$$\rho = \frac{\Lambda}{T} + \sum_{i=1}^{6} \frac{\beta_i}{1 + \lambda_i T} \tag{2-22}$$

式(2-22)称为倒时方程。该式示出了在中子源项为 0 或可忽略的条件下，反应性为常数且稳定时间足够长时，反应性与反应堆周期之间的关系。图 2-2 给出了典型的正反应性与反应堆正周期之间的关系曲线，不同的缓发中子数据会影响这条关系曲线。

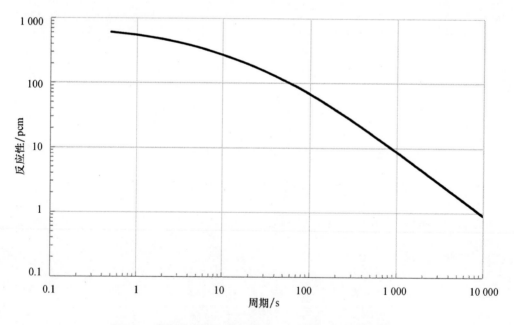

图 2-2　典型的正反应性与反应堆正周期之间的关系曲线

2.6　超临界状态

当反应堆处于超临界状态，即 $k_{\mathrm{eff}} > 1$（或 $\rho > 0$）时，假设中子源项为 0 或可忽略，则根据倒时方程，可以得到反应堆周期大于 0，即在反应堆超临界状态下，反应堆功率是增长的。当

反应性 ρ 是常数时，反应堆功率的周期也是常数，即反应堆内中子密度以周期 T 的指数增长，如图 2-3 中"无中子源超临界"曲线所示。

如果中子源项不为 0，反应堆在超临界状态并在中子源的驱动下，其功率将加速增长。当其功率增长到足够高时，中子源的影响就可忽略，此后反应堆的功率及周期与上述中子源项为 0 的增长规律保持一致，如图 2-3 中"有中子源超临界"曲线所示。

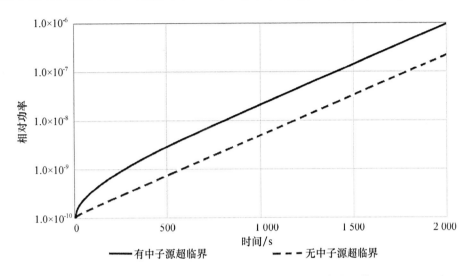

图 2-3　超临界状态下相对功率随时间的变化规律

2.7　次临界状态

与超临界状态相似，当反应堆处于次临界状态，即 $k_{\text{eff}}<1$（或 $\rho<0$）时，假设中子源项为 0 或可忽略，则根据倒时方程，可以得到反应堆周期小于 0，即在反应堆次临界状态下，反应堆功率是衰减的。当反应性 ρ 是常数时，反应堆功率的周期也是常数，即反应堆功率以周期 T 的指数衰减，如图 2-4 中"无中子源停堆功率"曲线所示。

根据倒时方程可知，次临界度越大，反应堆的负周期越短。但当反应性 $\rho<-500$ pcm 时，反应堆周期将接近缓发中子先驱核周期最大的一组（衰变常数最小）的负数，即 $-1/\lambda_1$。或者说无论次临界度多大，反应堆功率衰减都存在最短负周期，且是 $-1/\lambda_1$。需要补充说明的是，这个结论是根据倒时方程得出的，因此这是反应性为常数且稳定时间足够长时的反应堆周期，而在反应性变化后的初期周期会比这个最短负周期更短。如图 2-4 中"周期（无中子源）"曲线所示。

如果中子源项不为 0 或不可忽略，则反应堆功率衰减逐渐减慢并最终达到次临界稳定状态[式(2-13)]，如图 2-4 中"有中子源停堆功率"曲线所示；当反应堆周期无法保持常数时，周期逐渐变长并逐渐趋于无穷大，如图 2-4"周期（有中子源）"曲线所示。

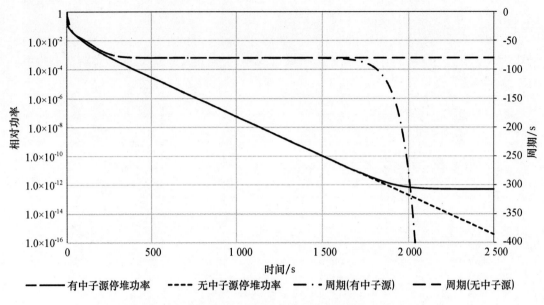

图 2-4 停堆后相对功率及周期随时间的变化规律

2.8 周 期 法

周期法是测量堆芯反应性的一种方法，它仅需要简单的计时工具（如秒表等），即可对反应堆的反应性进行测量，因此在试验堆中得到广泛应用。

在 2.5 节中，根据点堆中子动力学方程推导得到的倒时方程，就是周期法的测量原理，即只要测量反应堆周期 T，就可以用式(2-22)计算反应性。

在反应堆实际运行中，常用倍增周期（T_d）表示反应堆中子注量率水平变化一倍所需的时间。则有

$$T = \frac{T_d}{\ln 2} \qquad (2-23)$$

这样只要测量出倍增周期 T_d，就可以根据式(2-22)、式(2-23)对算出反应性 ρ，这就是周期法测量反应性的原理。

周期法所用的倒时方程是点堆方程通过一定的假设才推导出来的，因此其有一定的适用范围。首先，倒时方程是在假设中子源可忽略的情况下推导出来的，因此反应堆功率水平必须高到可忽略中子源水平下才能使用倒时方程。其次，倒时方程推导过程中假设中子注量率水平按指数变化，而实际上反应性变化后的初期，中子注量率水平并不服从指数规律变化，只经过一定时间以后，中子注量率水平才服从指数规律变化。因此，周期法测量反应性是有误差的，这个误差与反应性大小、稳定时间均有关系。

图 2-5 是周期法测量反应性误差小于 1% 时要求的最小稳定时间及对应的功率变化倍数。该图表明：为了使周期法测量反应性的误差小于 1%，随着反应性的减小，所需要的稳定时间增加，测量正反应性时稳定时间不能短于 2 min，而当负反应性大于 -60 pcm 时稳定

时间不能短于 5 min;随着反应性的增大,功率变化倍数也随之增加,测量正反应性时功率变化倍数大约为 3 倍,而当负反应性大于-60 pcm 时功率变化为原来的 1/6 左右,负反应性为-100 pcm 时功率变化为不足原来的 3%。

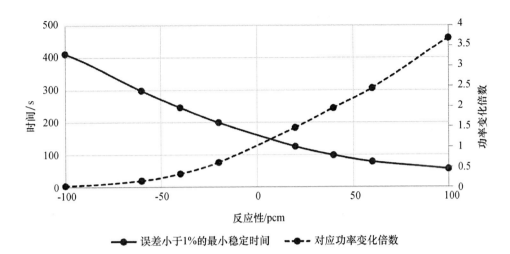

图 2-5　周期法测量反应性误差小于 1% 时要求的最小稳定时间及对应的功率变化倍数

因此,周期法需要足够的时间才能保证一定的测量精度,同时在此过程中功率变化也比较大。在实际测量过程中,由于满足周期法的功率变化范围有限,因此周期法不适用于大反应性测量,更不适用于绝对值大的负反应性测量。

2.9　动　态　法

动态法是已知反应堆的反应性随时间的变化,用点堆方程求解反应堆功率随时间变化的方法。动态法在仿真计算、事故分析等领域应用广泛。由于点堆中子动力学方程是刚性方程,方程中的几个时间常数之间相差几个数量级,因此准确、快速、稳定地求解方程很困难。这里简单介绍反应性阶跃变化点堆中子动力学方程的精确解。

假设 $t=0$ 时,反应性 $\rho=0$,反应堆处于临界稳定状态。在 $t=0$ 时,突然向堆芯引入一个阶跃反应性,即 $\rho=$ 常数。用代入法求解式(2-10)、式(2-11),即令

$$n(t) = Ae^{\omega t} \quad (2-24)$$
$$c_i(t) = A_i e^{\omega t} \quad (2-25)$$

式中,A 和 A_i 为待定系数。

将式(2-24)和式(2-25)代入式(2-10)、式(2-11)可得

$$\rho = \Lambda\omega + \sum_{i=1}^{6} \frac{\omega \beta_{i\text{eff}}}{\omega + \lambda_i} \quad (2-26)$$

式(2-26)称为反应性方程。其中,当 $\omega = \dfrac{1}{T}$ 时,则式(2-26)又变成倒时方程。式(2-26)是 ω 的 7 次方程,求解式(2-26)可以得到 7 个 ω 值。通过绘制 $\omega-\rho$ 关系曲线,以 $-\lambda_i$ 为界,可以得到 7 条 $\omega-\rho$ 关系曲线,如图 2-6 所示。画一条 ρ 为常数的水平直线,它会与

ω—ρ 关系曲线相交并有 7 个交点,该交点的 ω 值,即为需要求解的 7 个 ω 值。对于 ω 值,也可以通过计算机编程的方式求解。将求解得到的 7 个 ω 值代入式(2-24),则可以得到堆芯反应性阶跃到常数 ρ 时的中子密度随时间的表达式:

$$n(t) = n(0) \times \sum_{j=1}^{7} A_j e^{\omega_j t} \qquad (2-27)$$

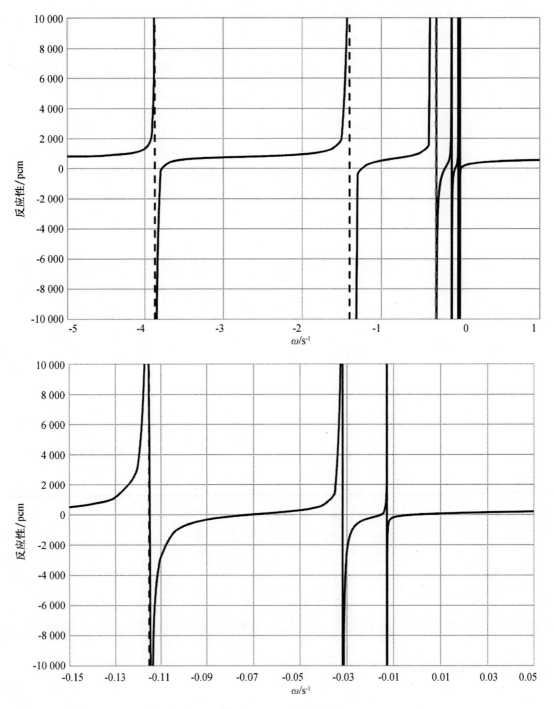

图 2-6 ω—ρ 关系曲线

根据式(2-27)可知,还需要求解常数 A_j。同理,第 i 组缓发中子先驱核随时间变化的表达式为

$$c_i(t) = c_i(0) \times \sum_{j=1}^{7} c_{ij} e^{\omega_j t} \tag{2-28}$$

式中,c_{ij} 为待定系数。

将式(2-27)、式(2-28)代入式(2-11)可得

$$c_i(0) \times \sum_{j=1}^{7} c_{ij} \omega_j e^{\omega_j t} = \frac{\beta_{ieff} n(0)}{\Lambda} \times \sum_{j=1}^{7} A_j e^{\omega_j t} - \lambda_i c_i(0) \times \sum_{j=1}^{7} c_{ij} e^{\omega_j t}$$

由于上式对于所有 t 值都成立,所以具有同样 ω_j 的指数项系数应该相等,则

$$c_i(0) c_{ij} = \frac{\beta_{ieff} n(0)}{\Lambda} \cdot \frac{A_j}{\omega_j + \lambda_i} \tag{2-29}$$

将式(2-29)代入式(2-28)可得

$$c_i(t) = \frac{\beta_{ieff} n(0)}{\Lambda} \cdot \sum_{j=1}^{7} \frac{A_j e^{\omega_j t}}{\omega_j + \lambda_i} \tag{2-30}$$

根据初始条件,可以确定 A_j 为常数。在 $t=0$ 时,$\dfrac{\mathrm{d}c_i(t)}{\mathrm{d}t}=0$,根据式(2-11)可得

$$c_i(0) = \frac{\beta_{ieff} n(0)}{\Lambda \lambda_i} \tag{2-31}$$

根据式(2-30),当 $t=0$ 时:

$$c_i(0) = \frac{\beta_{ieff} n(0)}{\Lambda} \cdot \sum_{j=1}^{7} \frac{A_j}{\omega_j + \lambda_i} \tag{2-32}$$

则根据式(2-31)与式(2-32)可得关于 A_j 的方程组:

$$\sum_{j=1}^{7} \frac{A_j}{\omega_j + \lambda_i} = \frac{1}{\lambda_i} \quad (i=1,2,\cdots,6) \tag{2-33}$$

当 $t=0$ 时,由式(2-27)可得

$$\sum_{j=1}^{7} A_j = 1 \tag{2-34}$$

根据式(2-33)、式(2-34)就可以求得 7 个常数 A_j 的值。经验证,也可以用式(2-35)计算:

$$A_j = \frac{\rho}{\omega_j \left[\Lambda + \sum_{i=1}^{6} \dfrac{\beta_i \lambda_i}{(\omega_j + \lambda_i)^2} \right]} \tag{2-35}$$

用上述方法,这里给出反应堆反应性阶跃变化时中子密度 $n(t)$ 的表达式。为了便于比较,采用表 2-2 的缓发中子动力学参数。则反应性阶跃 $\rho=100\ \mathrm{pcm}$ 时的 $n(t)$ 表达式如下:

$$n(t) = n(0) \times (1.423\,6 e^{0.016\,96t} - 0.041\,24 e^{-0.014\,19t} - 0.131\,8 e^{-0.062\,75t} -$$
$$0.059\,32 e^{-0.187\,6t} - 0.021\,08 e^{-1.217t} - 0.004\,064 e^{-3.766t} - 0.166\,1 e^{-300.5t})$$

表 2-2　缓发中子动力学参数

β_i	0.000 266	0.001 491	0.001 316	0.002 849	0.000 896	0.000 182
λ_i/s^{-1}	0.012 7	0.031 7	0.115	0.311	1.4	3.87
Λ/s	2.0×10^{-5}					

反应性阶跃 $\rho=-100$ pcm 时的 $n(t)$ 表达式如下：

$$n(t)=n(0)\times(0.594\ 9e^{-0.007\ 442t}+0.135\ 4e^{-0.016\ 82t}+0.084e^{-0.078\ 29t}+$$
$$0.046e^{-0.208\ 6t}+0.012\ 6e^{-1.258t}+0.002\ 42e^{-3.79t}+0.124\ 8e^{-400.4t})$$

从以上两个 $n(t)$ 表达式可以发现：第一，反应性为正，第一项的指数项为正；反应性为负，第一项的指数项为负。而无论反应性为正负，后 6 项的指数均为负，即 $n(t)$ 随时间的变化取决于第一项，后 6 项随时间变化最后可忽略，此后 $n(t)$ 随时间呈指数变化。第二，第二项是随时间衰减相对最慢的一组，第二项与第一项的比值，在反应性为正时，时间达到 35 s，这个比值才小于 1%，而反应性为负时，时间达到 335 s，这个比值才小于 1%，即负反应性时 $n(t)$ 需要更长的时间才能随时间呈指数变化。因此负反应性不适用于周期法的数值解释。

用解析方法求解点堆中子动力学方程只能得到特定反应性下的中子密度随时间的变化公式，且很多还是近似公式，更无法应对复杂的反应性变化输入情况。得益于现代计算机技术的进步，目前的计算机程序可以准确、快速、稳定地求解任意反应性下的点堆中子动力学方程，本书的理论功率曲线就是通过动态法程序计算结果绘制的。

2.10　逆动态法

与动态法相反，逆动态法是已知反应堆的功率水平随时间的变化，用逆点堆方程求解反应堆反应性的方法。根据式(2-10)可以得到反应性的计算表达式：

$$\rho(t)=\frac{\Lambda}{n(t)}\left(\frac{\mathrm{d}n(t)}{\mathrm{d}t}+\sum_{i=1}^{6}\frac{\mathrm{d}c_i(t)}{\mathrm{d}t}-q\right) \quad (2-36)$$

式中，$c_i(t)$ 可以由式(2-11)求得，只需知道反应堆功率水平就可以通过计算得到堆芯的反应性。根据实时获取反应堆的功率水平，并用逆动态法实时计算、显示反应性的仪器称为反应性仪。反应性仪是进行反应堆物理试验的重要仪器。

2.11　反应性与稳定状态

一般的反应堆物理教材对于反应性与堆芯的稳定状态描述如下：当反应性 $\rho=0$ 时，堆内中子密度不随时间变化，此时反应堆处于临界状态；当反应性 $\rho<0$ 时，堆内中子密度随时间减小，此时反应堆处于次临界状态；当反应性 $\rho>0$ 时，堆内中子密度随时间增大，此时反应堆处于超临界状态。

前面对稳定状态、临界状态、无源状态、超临界及次临界状态等不同状态的讨论，以及动态法、逆动态法的应用表明，上述的描述太简略，不够严谨，会给工作带来困扰。为便于表述,将不同反应性与稳定状态利用表格描述(表2-3)。除了教科书上一般说到的3种情况外,一般还会碰到6种情况,现在对这9种情况再描述一次。

表2-3 不同反应性与稳定状态

序号	反应性	中子源	中子密度	稳定状态
1	$\rho=0$	$q=0$	不变	是
2	$\rho=0$	$q>0$	线性增大	否
3	$\rho=0$	$q=0$	减小,插棒后一段时间;增大,提棒后一段时间	否
4	$\rho>0$	$q=0$	增大	否
5	$\rho>0$,快速变小	$q=0$	减小,如插棒	否
6	$\rho<0$	$q=0$	减小	否
7	$\rho<0$	$q>0$	不变	是
8	$\rho<0$,绝对值变小	$q>0$	增大	否
9	$\rho<0$	q 从大于0急剧减小到0	减小	否

第一种,当反应性 $\rho=0$ 时,中子源 $q=0$,堆内中子密度不随时间变化,此时反应堆处于临界状态,这是反应堆典型的临界运行状态。

第二种,当反应性 $\rho=0$ 时,反应堆处于临界状态,但中子源 $q>0$ 不可忽略,堆内中子密度随时间线性增大(在2.3节讨论过),这在反应堆达临界过程中会出现。

第三种,中子源 $q=0$,如果反应堆在超临界状态插棒至反应性 $\rho=0$ 时,此后反应堆处于临界状态,但堆内中子密度随时间减小;而从次临界提棒到反应性 $\rho=0$ 的临界状态后,堆内中子密度仍随时间增大。这两种情况都需要几分钟才能达到第一种状态。如图2-7所示,从30 s开始,反应性已经为0,但中子密度还在缓慢减小,这是由于缓发中子先驱核还未平衡。

第四种,当反应性 $\rho>0$ 时,中子源 $q=0$,堆内中子密度随时间增大,此时反应堆处于超临界状态,这是反应堆升功率过程的运行状态。

第五种,当反应性 $\rho>0$ 时,中子源 $q=0$,反应堆处于超临界状态。在插棒初期,堆内中子密度随时间可能会继续增大,但随着插棒继续,即使 $\rho>0$,堆内中子密度反而随时间减小,如图2-7中从20 s到30 s所示。这是由于快速的反应性引入会首先影响瞬发中子的变化,这一现象在反应堆物理试验中很容易被观察到。

第六种,当反应性 $\rho<0$ 时,反应堆处于次临界状态,中子源 $q=0$,堆内中子密度随时间减小(在2.7节讨论过),这是反应堆停堆初期的典型状态。

第七种,当反应性 $\rho<0$ 时,中子源 $q>0$,堆内中子密度不随时间变化,此时反应堆处于次临界状态(在2.2节讨论过),这是反应堆停堆稳定后状态。

第八种,当反应性 $\rho<0$ 时,中子源 $q>0$,反应堆处于次临界状态,反应性绝对值在变小,堆内中子密度随时间增大,这是反应堆达临界过程。

第九种,当反应性 $\rho<0$ 时,中子源 q 从大于0急剧减小到0,此时反应堆中子密度随时

间减小,这是一种测量反应堆反应性的方法,称为跳源法。

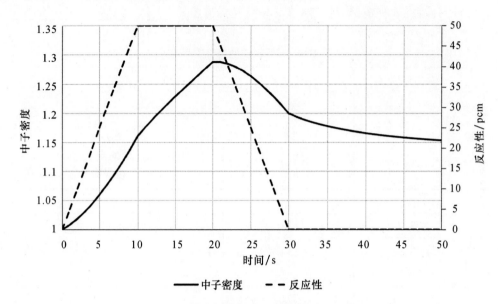

图 2-7　从超临界到临界中子密度随时间的变化

第3章 反应性加法原理与反应性平衡方程

在反应堆设计与运行过程中,为了研究与分析的方便,通常将各参数的变化对有效增殖因子的影响单独分开分析,这个影响用反应性表示。各项反应性对反应堆有效增殖因子的综合影响可用反应性求和来确定,但这在相关反应堆物理理论中鲜有阐述。本章通过对有效增殖因子的微扰分析,阐述反应性加法原理的理论依据,并由此列出压水堆中几种基本的反应性平衡方程,为反应堆物理试验、运行提供分析依据和手段。

3.1 反应性加法原理

这里对反应堆增加一个微小扰动,该扰动对反应堆当前有效增殖因子的影响,利用有效增殖因子增量与有效增殖因子的比值来表示,公式如下:

$$\mathrm{d}\rho = \frac{\mathrm{d}k_{\mathrm{eff}}}{k_{\mathrm{eff}}} \tag{3-1}$$

式中,$\mathrm{d}\rho$ 为对反应堆有效增殖因子增加一个微小扰动的相对变化量;k_{eff} 为有效增殖因子。

对式(3-1)进行积分,且 $k_{\mathrm{eff}} > 0$,则

$$\int_1^2 \mathrm{d}\rho = \int_1^2 \frac{\mathrm{d}k_{\mathrm{eff}}}{k_{\mathrm{eff}}} = \ln\frac{k_{\mathrm{eff2}}}{k_{\mathrm{eff1}}} \tag{3-2}$$

式中,$\int_1^2 \mathrm{d}\rho$ 是对反应堆扰动积分量,称为反应堆的反应性(广义)引入量,常用 ρ 表示;k_{eff1} 为反应堆在初始状态 1 时的有效增殖因子;k_{eff2} 为扰动结束在状态 2 时的有效增殖因子。所以,反应堆的反应性引入量为最终状态与初始有效增殖因子比值的自然对数。

如果反应堆分别引入反应性 $\rho_1,\rho_2,\rho_3,\cdots,\rho_{n-1}$,则反应堆状态从 1 变化到 $2,3,\cdots,n$,其有效增殖因子从 k_{eff1} 变化到 $k_{\mathrm{eff2}},k_{\mathrm{eff3}},\cdots,k_{\mathrm{eff}n}$。根据式(3-2)的定义,则从状态 1 到状态 n 的反应性引入量为

$$\rho_{n1} = \ln\frac{k_{\mathrm{eff}n}}{k_{\mathrm{eff1}}} \tag{3-3}$$

根据式(3-2)的定义,对每个状态的反应性变化量求和,有

$$\sum_{i=1}^{n-1}\rho_i = \ln\frac{k_{\mathrm{eff2}}}{k_{\mathrm{eff1}}} + \ln\frac{k_{\mathrm{eff3}}}{k_{\mathrm{eff2}}} + \ln\frac{k_{\mathrm{eff4}}}{k_{\mathrm{eff13}}} + \cdots + \ln\frac{k_{\mathrm{eff}n}}{k_{\mathrm{eff}n-1}} = \ln\frac{k_{\mathrm{eff}n}}{k_{\mathrm{eff1}}} \tag{3-4}$$

根据式(3-3)、式(3-4),有

$$\rho_{n1} = \sum_{i=1}^{n-1}\rho_i \tag{3-5}$$

式(3-5)表明,反应堆总的反应性变化量等于各分项反应性引入量之和,这就是反应性加法原理。

根据式(3-2),如果 $k_{\text{eff}1}=1$,即定义核反应堆偏离临界的程度用反应性(狭义)ρ 表示,则

$$\rho = \ln k_{\text{eff}} \qquad (3-6)$$

在第 2 章已经给出了反应性(狭义)的另外一种数学定义:

$$\rho = \frac{k_{\text{eff}} - 1}{k_{\text{eff}}} \qquad (3-7)$$

对式(3-6)进行泰勒展开,省略高阶项,则有

$$\rho = \ln k_{\text{eff}} \approx k_{\text{eff}} - 1 \qquad (3-8)$$

实际上式(3-6)与式(3-7)两个反应性的定义并不矛盾。虽然式(2-4)表示反应性是通过恒等于相关截面的计算给出的,但反应性的变化一般取决于宏观吸收截面的变化,而宏观吸收截面的变化会影响中子谱,进而影响宏观裂变截面。而式(3-6)的对数定义反映了这种影响,更适合大反应性变化的计算。堆芯 k_{eff} 在 1 左右时,式(3-6)、式(3-7)定义计算得到的反应性可认为近似相等。一般工程上,k_{eff} 取 0.95~1.05。反应性加法原理对采用式(3-7)的定义也适用。

3.2 反应性平衡方程

反应性加法原理证明,反应堆总的反应性引入量等于各分项反应性引入量之和。这就是在反应堆设计与运行过程中,将各参数的变化对有效增殖因子的影响单独分开计算反应性引入量的理论依据。

3.2.1 一般的反应性平衡方程

对于一个压水堆,其运行期间引入的反应性变化主要由下列效应引起:堆芯硼浓度变化、裂变毒物引入的反应性变化(包括氙毒、钐毒等)、控制棒棒位变化、燃耗效应(包括燃料与可燃毒物)、燃料多普勒效应、慢化剂温度效应、空泡效应、轴向通量再分布效应及压力效应(压水堆一般忽略)等。因此一个通用的反应性平衡方程为

$$\rho = \rho_{\text{f}} + \rho_{\text{bp}} + \rho_{\text{cb}} + \rho_{\text{ps}} + \rho_{\text{rcca}} + \rho_{\text{dop}} + \rho_{\text{mod}} + \rho_{\text{void}} + \rho_{\text{rdc}} \qquad (3-9)$$

式中,ρ 为反应堆的反应性,表征对临界的偏离程度;$\rho_{\text{f}} = \ln k_{\text{eff}}$,为燃料(净堆)引入的反应性,寿期初一般称为后备反应性,也称为剩余反应性;ρ_{bp} 为可燃毒物引入的反应性;ρ_{cb} 为一回路中的可溶硼引入的反应性;ρ_{ps} 为裂变毒物引入的反应性,包括氙毒、钐毒等;ρ_{rcca} 为控制棒引入的反应性;ρ_{dop} 为燃料多普勒效应引入的反应性;ρ_{mod} 为慢化剂温度效应引入的反应性;ρ_{void} 为空泡效应引入的反应性;ρ_{rdc} 为轴向通量再分布效应引入的反应性,其实际上是燃料多普勒效应和慢化剂温度效应在轴向分布上的反映,二维核设计软件需要单独计算,而三维核设计软件已经包含轴向空间效应,可不单独考虑,本书后续不再单独列出。

由于燃料与可燃毒物反应性的变化都与燃耗有关,因此为了简化公式,将燃料与可燃毒物引入的反应性合并,即

$$\rho_{\text{bu}} = \rho_{\text{f}} + \rho_{\text{bp}} \qquad (3-10)$$

式中,ρ_{bu} 是燃料燃耗引入的反应性,包括燃料与可燃毒物的燃耗综合影响。

堆芯功率水平上升引起的反应性变化即为功率亏损,而功率亏损是多普勒效应、慢化剂温度效应、空泡效应的综合影响,表示为

$$\rho_{pr} = \rho_{dop} + \rho_{mod} + \rho_{void} \tag{3-11}$$

式中,ρ_{pr}为功率引入的反应性,即功率亏损。

因此,反应堆反应性平衡方程(3-9)可以简单表示为硼浓度、裂变毒物、控制棒、燃耗和功率等几项引入反应性的平衡:

$$\rho = \rho_{cb} + \rho_{ps} + \rho_{rcca} + \rho_{bu} + \rho_{pr} \tag{3-12}$$

例如,反应堆寿期初在热态净堆时的后备反应性为 21 695 pcm,硼玻璃可燃毒物引入反应性为 $-7\ 183$ pcm,硼浓度在 921 ppm① 时引入反应性为 $-11\ 545$ pcm,到满功率的功率亏损为 $-1\ 401$ pcm,R 棒插入引入的反应性为 $-1\ 567$ pcm,详细计算见表 3-1,则满功率、0Xe、Rin 时的反应性为

$$\rho = -11\ 545 - 1\ 567 + 21\ 695 - 7\ 183 - 1\ 401 = 0\ \text{pcm}$$

表 3-1 反应性平衡计算

状态	功率/%FP	硼浓度/ppm	R 棒/步	k_{eff}	反应性/pcm	反应性变化量/pcm	说明
1. HFP,0Xe,Rin,临界	100	921	5	1	0	$-1\ 567$	2->1 插 R 棒,R 棒插入引入的反应性
2. HFP,所有棒全提(ARO)	100	921	225	1.015 79	1 567	$-1\ 401$	3->2 升功率,功率亏损
3. HZP,ARO	0	921	225	1.030 12	2 968	$-11\ 545$	4->3 硼化,硼引入反应性
4. HZP,ARO,无硼	0	0	225	1.156 18	14 512	$-7\ 183$	5->4 配插可燃毒物,可燃毒物引入反应性
5. HZP 净堆	0	0	225	1.242 28	21 695	—	此反应性即为后备反应性
						$-21\ 695$	反应性变化量之和

注:HFP(heat full power),热态满功率;HZP(heat zero power),热态零功率;ARO(all rod out),所有棒提出。

在设计上,压水堆一回路慢化剂温度是相对功率的函数,即一回路参考温度 $T_{ref} = f(P_r)$,则根据式(3-2)有

$$\Delta\rho_{pr} = \ln\frac{k_{eff}(P_{r2})}{k_{eff}(P_{r1})} = \ln\frac{k_{eff}(T_{ref2})}{k_{eff}(T_{ref1})} \tag{3-13}$$

式(3-13)表明,在指定燃耗下,只要功率不变,功率亏损就是一个常数。但是,由于功率运行时,无法保证在功率状态下冷却剂的温度与设计的温度完全一致,且用冷却剂温度计算的反应性与功率计算的不一致,因此需要对温度偏离进行修正。

---

① ppm,行业内常用单位,表示浓度。

3.2.2 燃料温度与冷却剂温度的关系

根据傅里叶传热学公式,对于反应堆的燃料到包壳外表面的传热,可以简单表示为

$$P_r = \frac{T_f - T_w}{R_f} \quad (3-14)$$

式中,P_r 为反应堆功率;T_f 为反应堆有效燃料温度;T_w 为燃料包壳外表面温度;R_f 为反应堆燃料到包壳外表面传热热阻。

根据牛顿流体传热学公式,对于反应堆燃料包壳外表面到冷却剂的传热,可以简单表示为

$$P_r = (T_w - T_{avg})Sh \quad (3-15)$$

式中,T_{avg} 为反应堆冷却剂平均温度;S 为传热面积;h 为对流换热系数。

根据式(3-14)、式(3-15),反应堆燃料到冷却剂的堆芯传热,可以简单表示为

$$P_r = \frac{T_f - T_{avg}}{R_f + \frac{1}{Sh}} = \frac{T_f - T_{avg}}{R} \quad (3-16)$$

式中,R 为反应堆燃料到冷却剂的传热热阻。

根据式(3-16),如果反应堆功率 P_r 不变,假设对流换热系数 h 不变,即此时传热热阻 R 不变,则($T_f - T_{avg}$)也不变。图3-1所示为冷却剂平均温度、燃料温度随功率的变化,实际的冷却剂平均温度与功率对应的温度偏差表示如下:

$$\Delta T_1 = T_{avg} - T_{ref} \quad (3-17)$$

$$\Delta T_2 = T_f - T_{fpr} \quad (3-18)$$

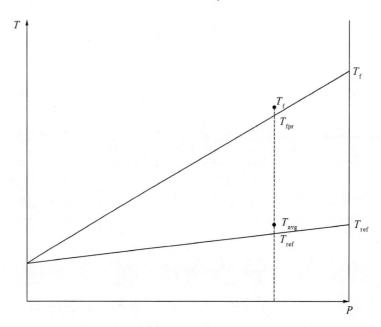

图3-1 冷却剂平均温度、燃料温度随功率的变化

式中，T_{fpr}为反应堆功率为P_r、冷却剂平均温度为T_{ref}时的有效燃料温度。

则

$$P_r = \frac{T_f - T_{avg}}{R} = \frac{(T_{fpr} + \Delta T_2) - (T_{ref} + \Delta T_1)}{R} \qquad (3-19)$$

在功率对应的温度下，有

$$P_r = \frac{T_{fpr} - T_{ref}}{R} \qquad (3-20)$$

式(3-9)和式(3-20)相等，则有

$$\Delta T_2 = \Delta T_1 = T_{avg} - T_{ref} \qquad (3-21)$$

即在某个反应堆功率水平，冷却剂温度变化不大的情况下，假设对流换热系数h或传热热阻R不变，则反应堆有效燃料温度与反应堆冷却剂平均温度变化幅度相同。

3.2.3 含多普勒功率亏损的反应性平衡方程

多普勒效应是由燃料的温度变化引起的，因此利用有效燃料温度的函数进行计算。但实际上燃料的温度是难以直接测量的，而功率是很容易确定的。通过上一小节讨论已知，在设计上冷却剂温度是功率的函数，有效燃料温度也是功率的函数，因此多普勒效应一般利用功率的函数进行计算。但是通过上一小节讨论已知，冷却剂温度偏差同样也可引起有效燃料温度偏差，多普勒功率亏损无法将多普勒效应全部考虑进去，必须进行修正。多普勒功率亏损等于功率对应有效燃料温度下的多普勒温度反馈反应性引入量，即

$$\rho(P_r)_{dop} = \rho(T_{fpr})_{dop} \qquad (3-22)$$

根据反应性加法原理：

$$\rho(T_f)_{dop} = \rho(T_{fpr})_{dop} + \rho(\Delta T)_{dop} = \rho(P_r)_{dop} + \rho(\Delta T)_{dop} \qquad (3-23)$$

则多普勒效应与慢化剂温度效应反应性引入量为

$$\rho_{dop} + \rho_{mod} = \rho(P_r)_{dop} + \rho(\Delta T)_{dop} + \rho(T_{ref})_{mod} + \rho(\Delta T)_{mod} = \rho(P_r)_{dop} + \rho(T_{ref})_{mod} + \rho_{\Delta T} \qquad (3-24)$$

其中，

$$\rho_{\Delta T} = \rho(\Delta T)_{dop} + \rho(\Delta T)_{mod} = \Delta T \alpha_{dtc} + \Delta T \alpha_{mtc} = \Delta T(\alpha_{dtc} + \alpha_{mtc}) = \Delta T \alpha_{ttc} \qquad (3-25)$$

式中，$\rho_{\Delta T}$为由于冷却剂平均温度与参考温度偏差需要进行的反应性修正量；α_{dtc}为多普勒温度系数，指有效燃料温度单位变化所引入的反应性变化；α_{mtc}为慢化剂温度系数，指堆芯慢化剂平均温度单位变化，是由慢化剂所引入的反应性变化；α_{ttc}为总温度系数，指堆芯慢化剂平均温度单位变化所引入的反应性变化，这个反应性变化包含燃料、慢化剂共同引入的反应性变化。

因此式(3-9)可以写为

$$\rho = \rho_{cb} + \rho_{ps} + \rho_{rcca} + \rho_{bu} + \rho(P_r)_{dop} + \rho(T_{ref})_{mod} + \rho_{void} + \rho_{\Delta T} \qquad (3-26)$$

3.2.4 含功率亏损的反应性平衡方程

反应性平衡方程式(3-26)的变量太多，不方便使用，其中几个与功率有关，可以进一步简化。T_{ref}是功率的函数，$\rho(P_r)_{dop}$、$\rho(T_{ref})_{mod}$也是功率的函数，根据式(3-11)，可得

$$\rho_{pr} = \rho(P_r)_{dop} + \rho(T_{ref})_{mod} + \rho_{void} \tag{3-27}$$

因此式(3-26)考虑冷却剂温度偏离功率控制函数的反应性平衡方程表示如下:

$$\rho = \rho_{cb} + \rho_{ps} + \rho_{rcca} + \rho_{bu} + \rho_{pr} + \rho_{\Delta T} \tag{3-28}$$

3.2.5 反应性平衡方程的应用

以上讨论了几种反应性平衡方程的表达形式,而在实际工程应用中为了更便于使用,一般对以上形式进行变换。

以式(3-28)为例,反应堆在某时刻状态 1 的反应性平衡方程表示如下:

$$\rho_1 = \rho_{cb1} + \rho_{ps1} + \rho_{rcca1} + \rho_{bu1} + \rho_{pr1} + \rho_{\Delta T1} \tag{3-29}$$

反应堆在另一时刻状态 2 的反应性平衡方程表示如下:

$$\rho_2 = \rho_{cb2} + \rho_{ps2} + \rho_{rcca2} + \rho_{bu2} + \rho_{pr2} + \rho_{\Delta T2} \tag{3-30}$$

通过式(3-30)~式(3-29)可得

$$\rho_2 - \rho_1 = (\rho_{cb2} - \rho_{cb1}) + (\rho_{ps2} - \rho_{ps1}) + (\rho_{rcca2} - \rho_{rcca1}) + (\rho_{bu2} - \rho_{bu1}) + (\rho_{pr2} - \rho_{pr1}) + (\rho_{\Delta T2} - \rho_{\Delta T1}) \tag{3-31}$$

式(3-31)一般又写成

$$\Delta\rho = \Delta\rho_{cb} + \Delta\rho_{ps} + \Delta\rho_{rcca} + \Delta\rho_{bu} + \Delta\rho_{pr} + \Delta\rho_{\Delta T} \tag{3-32}$$

式中,反应性变化量 $\Delta\rho = \rho_2 - \rho_1$;硼浓度变化引起的反应性变化量 $\Delta\rho_{cb} = \rho_{cb2} - \rho_{cb1}$;裂变毒物变化引起的反应性变化量 $\Delta\rho_{ps} = \rho_{ps2} - \rho_{ps1}$;控制棒位置变化引起的反应性变化量 $\Delta\rho_{rcca} = \rho_{rcca2} - \rho_{rcca1}$;燃耗变化引起的反应性变化量 $\Delta\rho_{bu} = \rho_{bu2} - \rho_{bu1}$;功率变化引起的反应性变化量 $\Delta\rho_{pr} = \rho_{pr2} - \rho_{pr1}$;温度偏差变化引起的反应性变化量 $\Delta\rho_{\Delta T} = \rho_{\Delta T2} - \rho_{\Delta T1}$。

同样,另外两个反应性平衡方程式(3-9)、式(3-26)也可以写成变化量的形式以便于使用,这里不再展开。

3.3 反应性系数

反应堆某参数从初始状态 1 变化到状态 2,会引入相应的反应性。而参数 x 单位变化引起的反应性,则称为该参数的反应性系数,通常用 α_x 表示,即

$$\alpha_x = \frac{\ln\dfrac{k_{eff2}}{k_{eff1}}}{x_2 - x_1} = \frac{\Delta\rho}{x_2 - x_1} \tag{3-33}$$

根据反应性系数的定义,可以得到硼微分价值、控制棒微分价值、燃耗反应性系数、功率系数、多普勒功率系数、多普勒温度系数、慢化剂温度系数、空泡系数等多个压水堆中常用的反应性系数。

硼微分价值等于堆芯可溶硼浓度单位变化所引入的反应性的变化量,即

$$\alpha_b = \frac{\Delta\rho_{cb}}{\Delta c_B} \tag{3-34}$$

式中,c_B 为堆芯可溶硼浓度,单位为 ppm;α_b 为硼微分价值,单位为 pcm/ppm。

控制棒微分价值等于控制棒移动单位变化所引入的反应性的变化量,即

$$\alpha_{\text{drw}} = \frac{\Delta\rho_{\text{rcca}}}{\Delta H} \tag{3-35}$$

式中，H 是控制棒插入堆芯的量。

燃耗反应性系数是单位燃耗变化所引入的反应性的变化量，即

$$\alpha_{\text{bu}} = \frac{\Delta\rho_{\text{bu}}}{\Delta E} \tag{3-36}$$

式中，E 是堆芯的燃耗。

功率系数是反应堆功率单位变化所引入的反应性变化量，即

$$\alpha_{\text{pc}} = \frac{\Delta\rho_{\text{pr}}}{\Delta P_{\text{r}}} = \frac{\Delta\rho_{\text{pr}}}{P_{\text{r}2} - P_{\text{r}1}} \tag{3-37}$$

式中，$\Delta\rho_{\text{pr}}$ 就是由功率 Pr_1 变到 Pr_2 的功率亏损。

多普勒温度系数也称为燃料温度系数，是有效燃料温度单位变化所引入的反应性变化量，即

$$\alpha_{\text{dtc}} = \frac{\Delta\rho_{\text{dop}}}{\Delta T_{\text{f}}} \tag{3-38}$$

多普勒功率系数是堆芯单位功率变化，由燃料多普勒效应所引入的反应性变化量，即

$$\alpha_{\text{dpc}} = \frac{\Delta\rho_{\text{dop}}}{\Delta P_{\text{r}}} \tag{3-39}$$

慢化剂温度系数是堆芯慢化剂平均温度单位变化，是由慢化剂所引入的反应性的变化量，即

$$\alpha_{\text{mtc}} = \frac{\Delta\rho_{\text{mod}}}{\Delta T_{\text{mod}}} \tag{3-40}$$

等温温度系数是当燃料温度和慢化剂温度相同时，它们的单位温度变化所引起的反应性变化量，即

$$\alpha_{\text{iso}} = \frac{\Delta\rho_{\text{iso}}}{\Delta T} \tag{3-41}$$

总温度系数是当燃料温度和慢化剂温度变化相同时，它们的单位温度变化所引起的反应性变化量，即

$$\alpha_{\text{ttc}} = \frac{\Delta\rho_{\text{ttc}}}{\Delta T} \tag{3-42}$$

等温温度系数等于总温度系数，都等于多普勒温度系数和慢化剂温度系数之和。根据定义，等温温度系数仅在零功率状态下可成立；前面传热已经说明，总温度系数在一定条件下，可在各功率状态下成立。因此下文都采用总温度系数。

为了保证反应堆的安全，设计上要求反应堆临界后反应性系数应不大于零。以上反应性系数可通过物理试验测量来验证核设计，而慢化剂温度系数在一定条件下可能为正，必须通过物理试验测量保证反应堆在运行状态下慢化剂温度系数不大于零。

3.4 反应性的几个概念补充说明

有了反应性系数的定义,反应性平衡方程中的不同效应引入的反应性变化量就可以简单地表示为反应性系数与参数变化量的乘积:

$$\Delta\rho_x = \alpha_x(x_2 - x_1) \tag{3-43}$$

前文已经说明了反应性、反应性变化量、反应性引入量几个概念。为了避免混淆,这里再简单说明一下。"反应性"或"反应堆反应性"是指核反应堆偏离临界的程度,一般用 ρ 表示。某参数的反应性引入量是指某参数引入的反应性与该参数引入反应性为 0 的差,如氙毒,或引入的反应性与基准状态引入该反应性的差,如慢化剂引入的反应性,一般用 ρ_x 表示。反应性变化量是指两个状态的反应性之差,一般用 $\Delta\rho$ 表示;某参数的反应性变化量是指某个参数引起两个状态的反应性引入量之差,一般用 $\Delta\rho_x$ 表示。

可溶硼的反应性引入量(引入的反应性)、反应性变化量分别为

$$\rho_{cb} = \alpha_b \times c_B \tag{3-44}$$

$$\Delta\rho_{cb} = \alpha_b \times \Delta c_B \tag{3-45}$$

控制棒的反应性引入量、反应性变化量分别为

$$\rho_{rcca} = \alpha_{drw} \times H \tag{3-46}$$

$$\Delta\rho_{rcca} = \alpha_{drw} \times \Delta H \tag{3-47}$$

对于燃料多普勒效应和慢化剂温度效应引入的反应性,必须设置基准状态作为温度变化的参考值。一般可以把热态零功率的状态设置作为基准状态,则燃料多普勒效应引入的反应性引入量、反应性变化量分别为

$$\rho_{dop} = \alpha_{dtc} \times (T_f - T_{hzp}) \tag{3-48}$$

$$\Delta\rho_{dop} = \alpha_{dtc} \times (T_{f2} - T_{f1}) \tag{3-49}$$

式中,T_{hzp} 为热态零功率时的参考温度。

慢化剂温度效应的反应性引入量、反应性变化量分别为

$$\rho_{mot} = \alpha_{mtc} \times (T_{avg} - T_{hzp}) \tag{3-50}$$

$$\Delta\rho_{mot} = \alpha_{mtc} \times (T_{avg2} - T_{avg1}) \tag{3-51}$$

燃料(净堆)引入的反应性,即在热态零功率状态下,可溶硼为 0、无可燃毒物、无毒时,剩余反应性为

$$\rho_f = \ln k_{eff}(f) \tag{3-52}$$

压水堆是不允许发生沸腾的,但是在传热过程中局部会发生少量的过冷泡核沸腾,从而产生空泡效应。其引入的反应性设计上一般(绝对值最大)按-50 pcm 考虑。氙毒、钐毒引入的反应性与功率水平、功率运行史密切相关;可燃毒物引入的反应性与燃耗密切相关。

以上各项引入的反应性除了剩余反应性为正外,其他各项在设计上都为负或零。当各项引入的反应性和为零时,即反应堆处于临界状态。

第4章 反应堆达临界

前几章重点讨论了与反应堆物理试验相关的知识,从本章开始陆续介绍具体的反应堆物理试验。反应堆物理试验一般在反应堆临界后进行,因此首先要将反应堆达到临界状态。

反应堆达临界指反应堆从次临界逐步达到临界的过程,是反应堆正常运行的前提。在此过程中,如果反应堆的探测器无法有效反映中子水平,或临界的方法不合适,可能会产生反应堆意外临界(提前临界)、短周期事件或事故。因此反应堆如何安全地达到临界状态是本章重点讨论的内容。

4.1 反应堆达临界原理

反应堆达临界需要硼稀释(简称稀释)和提控制棒(简称提棒),这个过程大约需要几个小时到十几个小时,反应性变化量达到几千到上万 pcm。

反应堆一回路在稀释过程中,反应性变化平均速率约为 0.3 pcm/s,功率水平在此过程中变化比较缓慢,可以认为是准稳态过程,即

$$\frac{dn}{dt} \approx 0$$

因此,稀释达临界过程可以近似使用式(2-12)所示的带中子源的次临界公式。在控制棒提升过程中,反应性变化速率较大,功率水平变化也较大,因此次临界公式不再适用于这个过程。但在提棒操作且等待足够长的时间后功率水平也将趋于稳定,此时次临界公式是适用的。

反应堆达临界过程,我们需要进行预测与控制,即什么时候需要停止稀释?什么时候需要提棒?什么时候需要插棒?什么时候可以判定反应堆达到临界状态?这就是达临界需要解决的问题。采用次临界公式进行研究:其中 n、q、ρ 这3个参数中有2个参数是未知的,仅中子密度 n(正比于功率水平)可以用堆外中子探测器信号表示,为了研究 n 与 ρ 的关系,需要设法将未知的 q 项消除。假设反应堆初始状态是 ρ_0,稳定的功率水平是 n_0,则有

$$n_0 = -\frac{q\Lambda}{\rho_0} \qquad (4-1)$$

反应堆在任意状态时的反应性是 ρ,稳定的功率水平是 n,则有

$$n = -\frac{q\Lambda}{\rho} \qquad (4-2)$$

式(4-1)除以式(4-2)即可消去 q 项,则有

$$\frac{n_0}{n} = \frac{\rho}{\rho_0} \qquad (4-3)$$

令

$$\text{ICRR} = \frac{n_0}{n} \qquad (4-4)$$

ICRR(inverse count rate radio)称为倒计数率比。则

$$\text{ICRR} = \frac{\rho}{\rho_0} \qquad (4-5)$$

根据式(4-5),虽然 ρ_0、ρ 是未知的,但 ρ_0 是常数,因此由式(4-5)可以得到两个重要结论(图 4-1):第一,倒计数率比 ICRR 与 ρ 呈线性关系,这是后续临界线性外推的理论基础;第二,当 ICRR=0 时,ρ=0,即 ICRR 线性外推为 0 点,就是反应堆达到临界的状态,这是倒计数率比用来判断临界的理论依据。

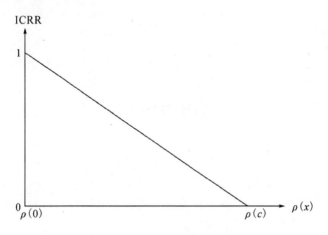

图 4-1　ICRR 随反应性的变化

以反应堆一回路稀释过程为例,根据式(3-32),在其他参数不变的条件下,反应性随硼浓度的变化可以写为

$$\Delta\rho = \Delta\rho_{cb} = (c_B - c_{B0})\alpha_b \qquad (4-6)$$

则

$$\rho = \rho_0 + (c_B - c_{B0})\alpha_b \qquad (4-7)$$

式中,ρ 和 ρ_0 分别为当前反应性和初始反应性;c_B 和 c_{B0} 分别为当前硼浓度和初始硼浓度,单位为 ppm。

则式(4-5)可变为

$$\text{ICRR} = \frac{\alpha_b}{\rho_0}c_B + \left(1 - \frac{\alpha_b}{\rho_0}c_{B0}\right) \qquad (4-8)$$

因此,反应堆在一回路稀释过程中,倒计数率比与硼浓度呈线性关系。假设一回路的注入水量与反应性呈线性关系,控制棒棒位与反应性呈线性关系,那么可以推导出倒计数率比与注入水量呈线性关系,倒计数率比与控制棒棒位呈线性关系,这就是倒计数率比与相关参数进行临界外推的理论依据。

反应性随着物理量 x 呈线性关系,则倒计数率比的关系曲线可以转化为 ICRR 随物理量 x 变化的线性关系曲线,如图 4-2 所示。

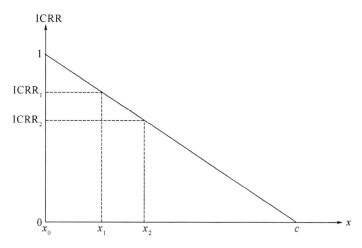

图 4-2　ICRR 随物理量 x 的线性关系曲线

已知物理量 x_1、x_2，其对应的稳定中子水平是 n_1、n_2，倒计数率比是 $ICRR_1$、$ICRR_2$，则可以根据这两点线性外推得到临界值（图 4-2），外推临界公式表示为

$$c = \frac{ICRR_1 x_2 - ICRR_2 x_1}{ICRR_1 - ICRR_2} \qquad (4-9)$$

式中，c 为物理量 x 外推得到的临界值。

将式（4-4）代入式（4-9）可以得到

$$c = \frac{x_1 n_1 - x_2 n_2}{n_1 - n_2} \qquad (4-10)$$

由式（4-10）可知，倒计数率比方法只需要知道当前的中子注量率水平 n 与物理量 x，而无须知道中子源强度与次临界度就可以外推获得临界参数，这也是达临界一直采用倒计数率比方法外推的原因。

4.2　反应堆达临界的判定

上一节专门介绍了反应堆达临界的原理，这里简要介绍几种判定反应堆达到临界状态的方法。

第一种，根据上述原理可知，当 $k_{eff} = 1$（或 $\rho = 0$）时，反应堆就达到了临界状态，理论上可以通过求解点堆中子动力学方程得到，然而，方程中的中子源项一般是未知的，如果将中子源项假设为 0 来求解点堆中子动力学方程，在达临界过程中，解出的反应性 ρ 总是约等于 0。因此，工程上一般不考虑这种方法。由次临界公式可知，在堆芯内存在中子源的情况下，功率稳定时 $k_{eff} \to 1$（或 $\rho \to 0$），难以达到理论上的临界状态。另外，在实际控制临界过程中，一般用控制棒维持临界，而由于控制棒有大约 4 pcm/步的微分价值，因此有时反应堆反应性处于 2 pcm 的超临界或 -2 pcm 的次临界状态。因此，工程上一般当 $|\rho| \leqslant 2$ pcm 时就认为反应堆达到临界或处于临界状态。

第二种，采用倒计数率比 ICRR 来判定临界。根据以上讨论，当 ICRR = 0 时，$k_{eff} = 1$（或

$\rho=0$),即理论上可以用倒计数率比来判断临界。然而由于初始的次临界度不同,ICRR 相同的反应性也是不同的。因此,即使 ICRR→0,k_{eff}→1,也难以将 ICRR 作为判定临界的标准。

第三种,采用中子增长倍数即倒计数率比的倒数来判定临界。一般压水堆临界前的 k_{eff} 大约在 0.9 这个量级,根据次临界公式可以知道,当中子增长倍数达到 10 000 并保持稳定时,堆芯的反应性 $\rho \approx -1$ pcm,即满足 $|\rho| \leq 2$ pcm 的标准,此时认为反应堆达到临界状态。

另外,根据次临界公式的变换式(2-13),当 $\rho \to 0$ 且中子注量率水平稳定时,中子源的贡献可忽略,即反应堆达到临界状态。

第四种,采用中子注量率水平或功率水平来判定临界。根据次临界公式,在堆芯内存在中子源的情况下,当 $n \to \infty$ 时,$\rho \to 0$,反应堆达到临界状态。在工程上,将压水堆中间量程电流达到 1.0×10^{-8} A 的稳定值作为达到临界状态的一种判断依据。当然,这个值与具体的反应堆堆型相关,有些反应堆屏蔽较厚或探测器较远,这个电流值就相应的较低。

第五种,采用反应堆功率随时间线性增长来判定临界。由于反应堆总是有中子源存在,根据 2.3 节讨论可知,当反应堆达到临界状态时,反应堆功率随时间线性增长。但是该方法不易判断,也没有相关测量仪表能直接显示,因此,其在工程实践中应用较少。

第六种,采用稳定的倍增周期来判定超临界或次临界,是一种间接达到临界状态或判定临界的方式。通过 4.1 节倒时方程可以知道,当出现稳定的周期时,可确定反应性且中子源可忽略,此时调整反应性可较容易地保持反应堆稳定,即反应堆处于临界状态。这是目前工程上最常用的判定达到临界或超临界状态的方式。

第七种,采用外加中子源的空间效应来判定临界或次临界。在第三代压水堆中,堆外核仪表系统源量程、中间量程一般配置 4 套中子探测器,其中 2 套探测器正对着的燃料组件里有外加中子源,另外 2 套则没有。在次临界状态下,会形成以外加中子源为决定因素的功率分布,在外加中子源附近的燃料组件相对功率很大,而远离外加中子源的燃料组件相对功率则很小,这也导致靠近外加中子源的中子探测器的信号比较强,而附近没有外加中子源的中子探测器的信号就很弱。近源中子探测器信号与无源中子探测器信号的比与次临界度有关,假设中子探测器的效率相同,在反应堆逐渐逼近临界过程中,外加中子源的贡献逐渐减弱,此时近源、无源中子探测器信号的比也逐渐趋近于 1;当近源、无源中子探测器信号的比为 1 或 4 套探测器的信号趋向一致时,外加中子源的贡献已可忽略,则认为反应堆达到临界状态。

根据以上分析可知,第三、第四、第六种方法可以在工程中用于判定反应堆达到临界或超临界状态。第七种方法可以在第三代压水堆中辅助判定反应堆的次临界度或临界状态。目前,商用压水堆普遍采用第四、第六种方法。

4.3 提棒达临界方法

目前,国内商用压水堆多采用"提棒—稀释—提棒"的方式使反应堆达到临界状态,主要步骤如下。

4.3.1 提棒

此时反应堆在热停堆状态,需要将插入堆芯的控制棒提出,直到仅一组控制棒保留部分插入堆芯状态。

在控制棒分次提出堆芯过程中,每次待源量程计数率稳定后,根据源量程计数率与控制棒棒位做 ICRR 外推,计算临界棒位。

4.3.2 稀释

将反应堆从热停堆状态的硼浓度稀释到预计的临界硼浓度。由于硼浓度变化比较大,稀释时间需要几个小时到十几个小时,因此综合考虑安全性和经济性,一般进行分段稀释。稀释开始前,重新测量基准计数率,ICRR 重新归一。稀释量计算方法如下:

$$Q = M \cdot \ln \frac{c_{B\text{入}} - c_{B\text{初}}}{c_{B\text{入}} - c_{B\text{末}}} \quad (4-11)$$

式中,Q 为稀释水或硼化水的量,单位为 t;M 为一回路水装量,单位为 t;$c_{B\text{入}}$ 为注入硼水的浓度,单位为 ppm,如果是稀释,$c_{B\text{入}}=0$;$c_{B\text{初}}$ 为稀释或硼化前一回路冷却剂中的硼浓度,单位为 ppm;$c_{B\text{末}}$ 为稀释或硼化后一回路冷却剂中的硼浓度,单位为 ppm。

初期,按最大流量进行快速稀释。在稀释过程中,一般每 30 min 将源量程计数率、硼浓度或稀释水量做 ICRR 外推,计算临界硼浓度或临界稀释水量。当 ICRR 达到 0.3 时,稀释流量减半,继续进行中速稀释。在稀释过程中,每 30 min 将源量程计数率、硼浓度或稀释水量做 ICRR 外推。当 ICRR 达到 0.2 时,稀释流量再减半继续进行慢速稀释。在稀释过程中,每 30 min 或 15 min 将源量程计数率、硼浓度或稀释水量做 ICRR 外推。当 ICRR 达到 x 时,立即停止稀释。x 一般在 0.08~0.2,具体与硼浓度的变化量及控制棒插入堆芯的反应性有关,可以根据实际经验调整。

4.3.3 提棒达临界

稀释停止后,待源量程计数率稳定后,就可以进行提棒达临界。将部分留在堆芯的控制棒逐步提出,直到反应堆达到临界状态。

在控制棒分次提出过程中,每次待源量程计数率稳定后,根据源量程计数率或中间量程电流与控制棒棒位做 ICRR 外推,计算临界棒位。

当外推临界棒位与当前棒位小于每次控制棒提出步时,将控制棒提升到临界棒位之上,使反应堆进入超临界状态。此时观察反应堆的周期,当周期稳定时,可确认反应堆处于超临界状态。根据周期值计算堆芯的反应性,插入相应的控制棒,反应堆功率保持稳定,则反应堆达到临界状态。

由于最后阶段是通过提棒将反应堆从次临界过渡到临界或超临界状态,因此一般称此方法为提棒达临界方法。

对于提棒达临界方法,福清核电厂也做了很多优化:第一,对于稀释,分 3 个速度,初期争取速度快,可节约时间,也可减少后续压力;后期不怕慢,保证控制安全,避免出现意外。第二,稀释过程不同速率的转换,不再等待系统均匀,而是直接切换到更低速率。这是因为稀释过程本身就是不均匀的,没有必要此时停下等待系统均匀;另外稀释速率下降本身也是均匀的过程。第三,对于功率水平稳定的要求。在前文已经提到,提棒且等待足够时间后功率水平将趋于稳定和稀释过程,可假设次临界公式适用,也是 ICRR 外推的条件。而功率水平是否达到稳定,以往工程上缺乏合理的判据。有些文献简单地用所谓的"第2组缓发中子3个半衰期的时间100 s"为等待时间,而在达临界过程中大多数的等待都是多余的,也没有安全效益;而在逼近临界的最后阶段,这个等待时间又是不足的、不保守的,会给外推带来极大的误差,从而带来极大的意外临界、意外超临界风险,而这也是ICRR外推出现凸型曲线的原因之一。为此,作者提出了采用倍增周期来判定功率水平稳定的方法。研究表明,当倍增周期大于2 000 s时,外推临界带来的误差小于50 pcm。依此判据,外推临界的安全性得到了大幅度提高;另外也缩短了整体的达临界时间。第四,稀释完成后,在一回路均匀过程中,取消化学取样来判定均匀化。此处也采用倍增周期大于2 000 s作为系统均匀化的判定标准,从而节省了大量的化学取样等待时间。第五,控制棒不在期望位置时,先通过调硼将控制棒调整到期望位置再等待均匀,并进行化学取样来判定一回路已达到均匀,从而节省了等待均匀的时间。

4.4 提棒达临界方法的问题及优化

上文所述的提棒达临界方法存在一些问题。

第一,何时停止稀释的问题,或者说停止稀释的ICRR应为多少合适?如果稀释停止的早,控制棒全提反应堆也无法临界,需要控制棒恢复到提棒前棒位并重新稀释再提棒达临界,而这可能导致再次出现相同问题。如果稀释停止的晚,可能出现稀释过程中临界,这与计划中提棒达临界不一致,从而出现所谓的"意外"提前临界问题,这是不期望出现的结果。另外,堆芯燃料管理改变之后,原来总结的停止稀释的ICRR可能不再适用,需要重新总结经验。

第二,提棒达临界过程中,ICRR曲线易出现凸型曲线问题,或者说外推的临界棒位总是比实际的临界棒位高,可能出现意外超临界的安全问题。如图4-3所示,某反应堆提棒达临界过程ICRR曲线是凸型的,外推的临界棒位都比实际临界棒位高,最后一次提棒的外推临界棒位还在199步,而实际的临界棒位是187步,按"1/3~1/2"反应性引入原则,虽然提到189步是允许的,但已经超临界,属于意外超临界。

第三,临界棒位不确定的问题。提棒达临界后,可以估计临界棒位所在区间,但无法预计临界棒位更精确的位置,也无法控制临界棒位落在期望的位置。为此,临界后往往要再次调硼,将控制棒调整到期望的位置。

第四,由于临界棒位一般较低,控制棒留在堆芯的价值较大,如果发生控制棒误操作,可能引起功率暴涨的潜在风险。

第五,在错装料的情况下,控制棒抽出的反应性引入速率无法评价,可能超出事故分析包络的限值。

对于以上问题,给出了如下分析或解决方案。

针对第一个问题,需要理论与经验相结合,适时调整停止稀释时的ICRR。假设稀释前$k_{eff0}=0.9$,稀释结束时$k_{eff}=0.997$,则根据式(4-5)计算得到停止稀释时的ICRR=0.03,实际上,根据经验,一般当ICRR为0.08或0.1时就要停止稀释。18个月换料后,由于临界硼浓度大幅度提高,稀释前k_{eff0}可达到0.97,则根据式(4-5)计算得到停止稀释时的ICRR=0.1,而实际上需要在0.2之前就停止稀释,这是由于中子源引起的空间效应产生的差异,

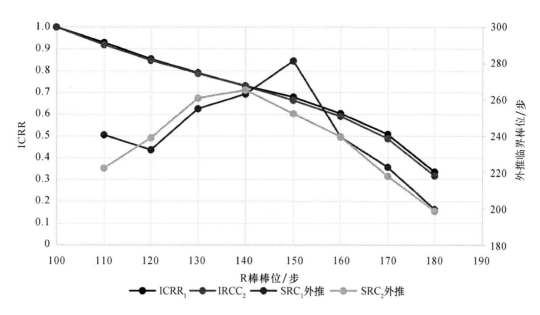

图 4-3 某反应堆提棒达临界过程 ICRR 与外推临界棒位

停止稀释时次临界度越小,空间效应产生的变化越大,点堆模型预测的 ICRR 与实际的差异也越大。

针对第二个问题,本研究表明,可以在临界过程中控制稳定状态,确保提棒前倍增周期必须大于 2 000 s,从而改善凸型曲线问题,提高临界安全性。如图 4-4 所示,某反应堆 U1C3 提棒达临界过程的外推临界棒位,在采用提棒前倍增周期必须大于 2 000 s 的控制原则后,外推临界棒位明显比原来更接近实际临界棒位,且 2 个通道的外推结果更加趋于一致。根据试验结果,本次的实际临界棒位是 174 步。虽然采用周期指示来控制稳定性,可以改善凸型曲线问题,但不能从根本上解决此问题。

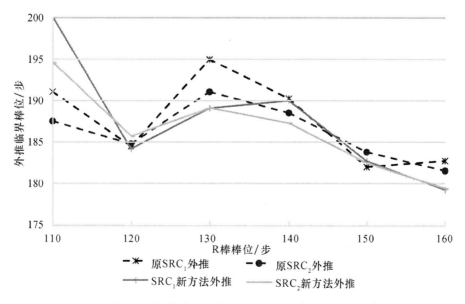

图 4-4 某反应堆提棒达临界过程新旧方法计算的外推临界棒位比较

对于第二、第三、第四、第五个问题的解决,需要从方法层面来彻底解决,也就是采用稀释达临界方法。

4.5　稀释达临界方法

所谓稀释达临界方法,就是反应堆采用"提棒—稀释"的方式从次临界状态过渡到临界或超临界状态。其主要步骤与提棒达临界相同,区别在于从次临界状态过渡到临界或超临界状态是采用稀释的方式,具体来说就是慢速稀释时停止稀释的条件不同。

当慢速稀释阶段满足以下任意一个条件时,立即停止稀释:任意源量程或中间量程稳定的倍增周期小于或等于 120 s(0.15 DPM);反应性仪显示反应性达到 35 pcm;中间量程电流达到 $1.0×10^{-8}$ A。当然以上条件的具体数值可根据不同反应堆的特点进行适应性调整。

稀释停止后,适当调整控制棒,将中间量程电流调整到 $1.0×10^{-8}$ A,再调整控制棒保持功率稳定,则反应堆达到临界状态。

稀释达临界方法彻底解决了提棒达临界的几个问题。

第一个是何时停止稀释问题。在稀释达临界中有明确三个条件中的任意一个来停止稀释,可操作性强。不会出现所谓的"意外"提前临界问题,也不会出现因停止得早而无法临界并重新稀释的问题。

采用稀释达临界方法不会出现 ICRR 凸型曲线问题,也就不会出现意外超临界的安全问题。另外,此时重要的监督参数不再是 ICRR,而是倍增周期和中间量程电流,它们都是连续变化的,且有在线仪表可用于监督。

按上述步骤稀释达临界后,由于临界棒位就在初始棒位附近,不存在临界棒位不确定问题,临界棒位可以落在期望的位置。因此,临界后也就不需要再次调硼将控制棒调整到期望的位置。

稀释达临界初始棒位较高,插入堆芯的价值较小,一般仅为 60 pcm 左右。如果发生控制棒误操作,功率增长的最短稳定倍增周期大约为 1 min,不存在功率暴涨的风险。

稀释过程中反应性引入速率最大仅约 1 pcm/s,比控制棒抽出导致的反应性引入速率低 1~2 个数量级。因此在错装料的情况下,用稀释达临界方法的反应性引入速率不会超出事故分析的限值。

这里对提棒达临界和稀释达临界两种方法的优缺点进行了简要的对比(表 4-1)。第一,在控制方式方面,提棒达临界采用 ICRR 停止稀释;提棒采用外推临界棒位。研究表明,提棒外推临界棒位不保守,外推临界棒位均高于实际临界棒位(即 ICRR 凸型曲线)。稀释达临界采用中间量程倍增周期或反应性仪反应性或中间量程电流水平,当达到其中任意一个条件时即停止稀释,由于参数是连续变化的,控制更加有效。第二,在安全性方面,提棒达临界方法可能会出现意外提前临界事件;控制棒意外抽出导致功率增长快、短周期事件,甚至最终触发停堆;临界棒位过低,不满足运行技术规范的要求;外推临界棒位均高于实际临界棒位(即 ICRR 凸型曲线),提棒外推临界棒位不保守;在错装料的情况下,控制棒抽出的反应性引入速率可能超出事故分析的限值。而稀释达临界没有这方面的问题。WANO 重要事件报告中提到 8 起提前临界反应性事件,其中有反应堆达到了每分钟 170 倍的启动率(周期 1.6 s)的短周期事件,这些事件均发生在提棒达临界过程中,其中固然有人员的失误因素,但也反映了提棒达临界方法缺乏固有安全性,容易发生提前临界或短周期事件的特点。第三,在经济性方面,提棒达临界由于临界棒位不确定,必须重新调硼将棒位调整到指定位置,调硼过程包括均匀化至少 2~3 h 主线时间,而稀释达临界没有这方面的问题,可以与后续试验完美衔接。为此,推荐压水堆核电厂采用稀释达临界方法,特别是首次达临界操作。

表 4-1 两种达临界方法优缺点比较

	提棒达临界方法	稀释达临界方法
控制方式	采用 ICRR 控制: · 停止稀释采用 ICRR。停止时的 ICRR 难以确定,偏小容易造成稀释意外临界,偏大无法临界需要重新稀释和提棒;该值还与燃料管理有关 · 外推临界棒位均高于实际临界棒位(即 ICRR 凸型曲线)	控制方式安全有效,当达到其中任意一个条件时即停止稀释: · 中间量程倍增周期 · 反应性仪反应性 · 中间量程电流水平
安全性	· 可能会出现意外提前临界事件 · 外推临界棒位均高于实际临界棒位(即 ICRR 凸型曲线),提棒外推临界棒位不保守 · 临界棒位过低,不满足运行技术规范的要求 · 由于棒位低或临界棒位低,可能会出现控制棒意外抽出导致功率增长快、短周期事件,甚至最终触发停堆 · 在错装料的情况下,控制棒抽出的反应性引入速率无法评价,可能超出事故分析的限值	无此问题
经济性	由于临界棒位不确定,必须重新调硼,调硼过程包括均匀化至少 2~3 h 主线时间	无此问题,与 ARO 状态参数测量及动态刻棒完美衔接

4.6 无外加中子源达临界

为了与燃料本身自发裂变产生的中子区分,将从外部放置在反应堆的中子源称为外加中子源,一般用锎-252(^{252}Cf)作为一次源,用锑铍源(Sb-Be)作为二次源。

根据次临界公式,在次临界度相同的情况下,使用外加中子源,堆内的中子密度增大,堆外的中子探测器容易测量到中子。反之,如不使用外加中子源,堆内的中子密度很小,堆外的中子探测器测量到中子的难度增加。因此,一般的反应堆设计都使用外加中子源。

随着中子探测器技术的进步,工程上可实现对更低水平中子密度的有效探测。换料后,已辐照燃料中的钚、镅、锔等同位素将比 ^{238}U 提供更多的自发裂变中子。另外目前多采用低泄漏装载模式,即有已辐照燃料布置在堆芯最外圈。最后基于环保考虑,希望取消二次中子源。综上因素,多数核电厂开始陆续取消外加中子源,这就涉及无外加中子源达临界问题。

由于有中子探测器监督,无外加中子源达临界本质上与以上讨论的方法没有区别,实践中多采用稀释达临界方法,该方法更安全。无外加中子源达临界还有一个优点,即由于燃料自发裂变的中子散布于堆芯，而不像外加中子源那样集中于一处，所以空间效应小，点堆方程的适用性更好，相关的计算结果更准确，更安全。

4.7 临界状态估算

反应堆在功率运行过程中停堆，在停堆后某个时间需要重新恢复临界，此时需要预测临界参数供恢复临界操作参考，即临界状态估算(estimated critical condition, ECC)。

由于恢复临界预测是在零功率设计参考状态下，因此 $\rho(t)_{\Delta T}=0$，$\rho(t)_{pr}=0$；停堆前、后燃耗不变，因此 $\Delta\rho_{bu}=0$；停堆前、后都处于临界状态；则根据式(3-32)，停堆前、后的反应性平衡方程表示如下：

$$\Delta\rho = \Delta\rho_{cb} + \Delta\rho_{ps} + \Delta\rho_{rcca} + \Delta\rho_{pr} = 0$$

$$[\rho(t)_{cb} - \rho(0)_{cb}] + \Delta\rho_{ps} + \Delta\rho_{rcca} - \rho(0)_{pr} = 0 \quad (4-11)$$

如果此时需要在预测停堆后 t 时刻给定棒位下的临界硼浓度，则

$$c_B(t) = c_{B0} - \frac{\Delta\rho(t)_{ps} + \Delta\rho(t)_{rcca} - \rho(0)_{pr}}{\alpha_b} \quad (4-12)$$

式中，$c_B(t)$ 为停堆后 t 时刻给定棒位下的预计临界硼浓度；c_{B0} 为停堆时刻的临界硼浓度；$\Delta\rho(t)_{ps}$ 为 ECC 前后两个状态氙毒的反应性变化量，$\Delta\rho(t)_{ps}=\rho(t)_{ps}-\rho(0)_{ps}$；$\Delta\rho(t)_{rcca}$ 为 ECC 前后两个状态控制棒的反应性变化量，$\Delta\rho(t)_{rcca}=\rho(t)_{rcca}-\rho(0)_{rcca}$。

ECC 中最关键的计算是氙毒的计算，它是影响误差的最大因素。传统核电厂，特别是运行部门，一般采用等效功率方法来计算氙毒，导致误差极大，后果也非常严重，应该摒弃。建议采用计算机跟踪功率史来计算氙毒，可以大幅度减小误差。

4.8 恢复临界

反应堆因某种原因主动或意外停堆后，一般在明确停堆原因后可恢复临界。

以满功率下停堆为例，由于氙毒的变化，可把恢复临界分成 4 个时间段。第一个时间段是刚停堆到氙毒变化量绝对值小于功率亏损绝对值，即"碘坑"之前，这个阶段可以直接提棒达到临界。第二个时间段是氙毒变化量绝对值大于功率亏损绝对值，即进入"碘坑"，这个阶段需要稀释以后才能达到临界状态。第三个时间段，由于氙毒的衰变解毒，氙毒变化量与预计控制棒引入反应性之和的绝对值小于功率亏损绝对值，即出"碘坑"解毒阶段，这个阶段可以直接进行提棒达临界。第四个时间段，氙毒变化量与预计控制棒引入反应性之和的绝对值大于功率亏损绝对值，即开始进入无氙毒阶段，这个阶段需要硼化后才能进行提棒达临界。但采用 18 个月换料后，氙毒变化不再那么猛烈，"碘坑"不深，在大多数情况下，氙毒变化量绝对值小于功率亏损绝对值，因此上述 4 个时间段可以变成 2 个时间段，第一、第二、第三个时间段可以直接进行提棒达临界，第四个时间段还是需要硼化后再进行提棒达临界。

如果想快速恢复临界，需要在进入"碘坑"之前直接进行提棒达临界。在提棒达临界过程中，可以直接连续提棒，关键是要控制倍增周期大于 40 s，中间可以不进行临界外推。如

果倍增周期接近 40 s,则立即停止提棒。停止提棒后如果倍增周期不断增大到 200 s 以上,则可以继续提棒。如果停止提棒约 1 min 后,倍增周期基本保持稳定,则说明反应堆已经超临界,可以根据需要保持当前棒位继续升功率,或下插控制棒保持临界。

如果进入"碘坑",直接提棒就无法达临界,必须通过稀释反应堆才能临界。如果想尽快恢复临界,最好的方法就是采用 4.5 节的稀释达临界方法,不需要计算预计临界硼浓度。控制棒按要求提出堆芯后,按一定的稀释速率进行稀释,当任意源量程或中间量程稳定的倍增周期小于或等于 120 s 时立即停止稀释,在等待均匀过程中用控制棒控制功率水平。

特别是在寿期末,如果发生紧急停堆,只有尽快提棒达临界并以较快的速率升功率才能恢复到满功率,且可以稳定在满功率状态。如图 4-5 所示,首先尽早开始恢复临界非常重要;其次必须将功率升到足够高,如 60%FP 以上,才能使氙消耗的速率大于产生的速率,从而使氙毒由中毒转为解毒,反应堆就可以跳出"碘坑"逐渐恢复到满功率,否则掉入"碘坑"又回到次临界状态。

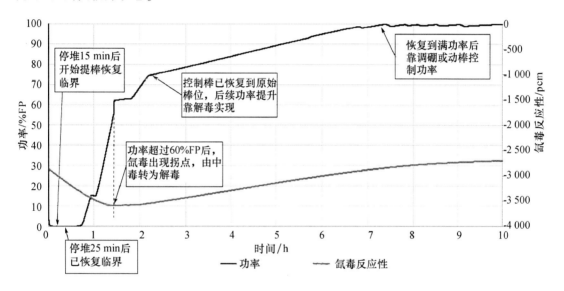

图 4-5 寿期末快速恢复临界升功率

第 5 章 确定多普勒发热点

由反应性平衡方程可知,硼浓度、控制棒、温度、功率、氙毒等的变化都会对反应性的测量产生影响。特别是在有功率的情况下,如堆芯有正的反应性,则反应堆功率会增长,而由于功率亏损的负反馈,主要是多普勒功率反馈,反应性会减小,直至反应性为 0,即在有功率的情况下,功率与反应性会相互影响。对目标参数进行测量时,为了避免功率的干扰,一般要限定零功率物理试验反应堆功率的上限,即多普勒发热点试验。

5.1 试验原理

当反应堆功率为零时,可假设与功率有关的反应性不变,即氙毒、燃耗效应、空泡效应都不变,则式(3-32)变为

$$\Delta\rho = \Delta\rho_{cb} + \Delta\rho_{rcca} + \Delta\rho_{\Delta_T} \qquad (5-1)$$

此时,影响堆芯反应性的就只有硼浓度、控制棒、温度三项。需要注意的是,在零功率状态下,多普勒功率反馈为零,但是多普勒温度效应一直存在,如温度发生变化,也会对堆芯反应性产生影响。

根据式(5-1),在零功率状态下,多个因素将不再干扰测量。同时通过对一些参数的控制来测量期望的反应性变化,达到测量的目的,具体的测量在后续讨论。为此,必须确定零功率物理试验上限,即确定多普勒发热点试验。

要想找到干扰零功率物理试验上限,需要将硼浓度、控制棒保持不变,通过不断提升堆芯核功率,找到反应性反馈的点,根据式(3-9),反应性平衡方程为

$$\Delta\rho = \Delta\rho_{ps} + \Delta\rho_{bu} + \Delta\rho_{dop} + \Delta\rho_{mod} + \Delta\rho_{void} \qquad (5-2)$$

由于时间比较短,功率对毒、燃耗的影响可忽略;由于功率很低,空泡效应可忽略,则式(5-2)变为

$$\Delta\rho = \Delta\rho_{dop} + \Delta\rho_{mod} \qquad (5-3)$$

控制一回路温度不变,则式(5-3)又变为

$$\Delta\rho = \Delta\rho_{dop} \qquad (5-4)$$

即随着反应堆功率提升,在硼浓度、控制棒、一回路温度保持不变的情况下,堆芯反应性的变化等于燃料多普勒效应引入的反应性变化量。根据多普勒温度系数的定义,式(5-4)可以写成

$$\Delta\rho = \Delta\rho_{dop} = \alpha_{dtc}(T_{f2} - T_{f1}) \qquad (5-5)$$

即随着反应堆功率提升,在硼浓度、控制棒、一回路温度保持不变的情况下,堆芯反应性的

变化直接体现在燃料温度的变化量上。一般压水堆的燃料多普勒温度系数约为 -2.9 pcm/℃,即有效燃料温度升高1℃,反应性变化约2.9 pcm,这在反应性曲线上非常明显。一般反应堆满功率燃料温度升高约300 ℃,0.1%FP温度升高约0.3 ℃,燃料多普勒反馈约1 pcm。这种反应堆在一定功率水平上时,燃料温度变化量增大,并由此产生多普勒反应性反馈的功率水平称为多普勒发热点。一般反应堆将0.1%FP定义为多普勒发热点。需要注意的是,因为多普勒效应是一直存在的,仅在此时由于核发热,燃料温度升高显现出多普勒反馈,因此称为多普勒发热点。

5.2 试 验 方 法

多普勒发热点试验前要求反应堆已处于临界状态,反应堆冷却剂的平均温度和压力均处于稳定状态,最重要的是一回路硼浓度已经均匀。另外需要注意的是,试验前提醒操纵员将蒸汽发生器水位补充到零功率水位对应的高水位上;试验期间注意蒸汽发生器水位,必要时及时补水,防止出现低低水位,避免触发停堆;如必要可停止试验。

提升控制棒组引入一个约40 pcm的正反应性,使中子注量率水平缓慢增长直至观测到核发热引起的多普勒负反馈效应出现为止。反应性可引入10~40 pcm,40 pcm时速度较快。

当中子注量率水平超过某一阈值后反应性开始衰减,如图5-1所示;中间量程的电流信号偏离指数增长,如图5-1所示;周期开始变长,如图5-2所示;反应堆一回路冷却剂平均温度升高或通过小温差法测量得到的反应堆热功率增加。

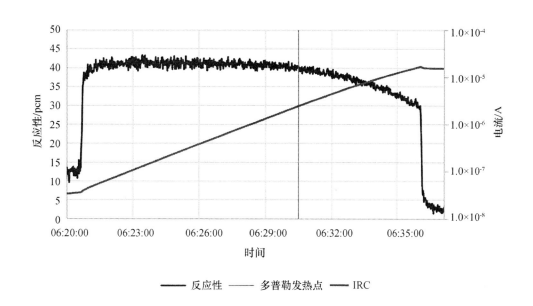

图 5-1 多普勒发热点试验之反应性随时间的变化

确认多普勒发热点已出现后,记录中间量程电流值和反应性仪电流,然后插入控制棒,控制功率水平,终止本项试验。

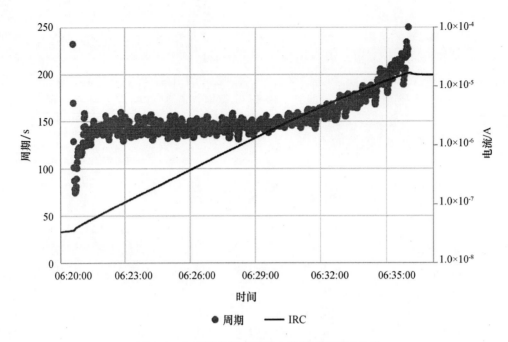

图 5-2 多普勒发热点试验之周期随时间的变化

5.3 试验数据处理

当多普勒发热点出现后,反应性无法维持常数,反应堆功率将不再保持指数变化,即中间量程电流信号偏离指数增长。因此传统的数据处理方法一般对中间量程电流取对数绘制曲线,再用直尺与曲线比对,如果曲线某位置开始偏离直线,该位置即为多普勒发热点所对应的中间量程电流值。

目前反应性测量、计算比较方便,可观察反应性曲线。初期一般反应性维持常数,当出现多普勒发热反馈后,反应性无法维持常数,取反应性下降约 1 pcm 处的中间量程电流值作为多普勒发热点。如图 5-1 所示,在 06:30:30 时,反应性相比前面平坦部分下降约 1 pcm;如图 5-2 所示,在 06:30:30 时,周期由前面平均 143 s 增加到 158 s,此时对应的中间量程电流为 $2.4×10^{-6}$ A,即多普勒发热点。

另外,以百万千瓦核电机组为例,也可以通过小温差法测量得到热功率增加 3 MW 时刻对应的中间量程电流值作为多普勒发热点。

在找到多普勒发热点后,一般取对应中间量程电流值的三分之一作为零功率物理试验的上限,以避免燃料温差变化的多普勒反馈对反应性测量的干扰,从而保证反应性测量精度。以图 5-1 为例,零功率物理试验的上限为中间量程电流 $8×10^{-7}$ A。

第6章 零功率物理试验下限

一般核电厂没有寻找零功率物理试验下限试验,因此在没有任何反应性变化的情况下(即没有控制棒移动),一回路已经具备足够的时间充分均匀,反应性仪测量出的反应性无法维持常数,出现了反应性变化难以解释的"诡异"现象。

实际上有两个影响反应性测量的因素。一个是一般反应性仪计算反应性过程中,由于中子源项为零,因此反应堆必须在可以忽略中子源影响的水平上。另外一个是探测器信号中有伽马电流,特别是换料大修时间越来越短,这个电流值也越来越大,而在一般反应性仪计算反应性过程中也未考虑此因素。综合以上两个因素,都要求反应堆必须在一定的功率水平上,才能忽略这两项的影响,从而保证反应性测量的准确性,即需要确定物理试验功率水平的下限。

此项是增加的物理试验项目,是对保证反应性测量准确度的优化。

6.1 试验方法

与多普勒发热点试验类似,试验前要求反应堆已处于临界状态,反应堆冷却剂的平均温度和压力均处于稳定状态,一回路硼浓度已经均匀,反应堆功率处于物理试验的上限附近。

插入控制棒组引入一个约-40 pcm的负反应性,使中子注量率水平缓慢下降,直至观测到反应性无法维持常数,开始向正的方向变化现象出现为止。

确认物理试验下限已出现,记录中间量程电流值和反应性仪电流,然后提出控制棒,控制功率水平,终止本项测量。

6.2 试验数据处理

与多普勒发热点数据处理方法类似,可观察反应性曲线,初期一般反应性维持常数,当出现反应性无法维持常数,取反应性向上 1~2 pcm 处的功率量程或中间量程电流值作为零功率物理试验的下限。从而避免中子源和探测器信号中伽马电流噪声对反应性测量的干扰,保证反应性测量精度。

如图 6-1 所示,随着功率的下降,噪声电流所占的比重越来越大,对反应性的测量误差也越来越大。9 800 s 以前,反应性测量结果接近水平直线,误差可接受;9 800 s 以后,反应性测量结果明显向 0 趋近,误差不可接受。根据测量结果,此下限要求功率量程电流大于 2×10^{-8} A,才能保证反应性测量精度。

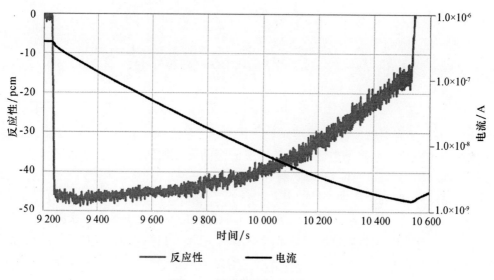

图 6-1 零功率物理试验下限

6.3 零功率物理试验范围

当多普勒发热点试验与零功率物理试验下限试验都结束后,就可以确定零功率物理试验范围。只要在此试验范围内,反应性的测量精度就可以得到保证,这也是后续零功率物理试验的基础。

目前百万千瓦核电机组由于采用低泄漏装载,且大修时间大幅度缩短,零功率物理试验下限升高,零功率物理试验范围已经不到1个数量级。

第7章　探测器线性与重叠

在 1.2 节已经介绍了堆外核仪表系统需要 3 种不同量程的中子探测器来完成对反应堆功率变化监测的全覆盖。而为了保证这种监测全覆盖,不同探测器的测量范围必须有所重叠。探测器线性与重叠,主要是指源量程与中间量程、中间量程与功率量程的线性与重叠,本章主要关注源量程与中间量程的线性与重叠。线性是指探测器的信号与反应堆功率水平或中子注量率成正比,只有在保证线性条件下,才能用中子探测器的信号来监督反应堆的反应性。重叠是指源量程与中间量程在各自测量范围内,可同时测量的部分。

在 1.2 节已经说明,源量程只要甄别电压足够高,就可以保证源量程的计数率与中子注量率成正比。中间量程补偿高压如果设置不当,会发生欠补偿或过补偿。通过中间量程补偿高压试验,可以确定最佳的补偿电压值,从而消除中间量程在测量中 γ 射线对测量的影响,保证测量得到的电流值与中子注量率成正比。当源量程的计数率与中子注量率成正比,中间量程电流值与中子注量率成正比,则源量程与中间量程在重叠测量时,它们的测量值是线性的,或者说它们测量值的比值是一个常数。

反应堆在功率升降过程中,由不同量程的探测器对反应堆的功率进行监督和保护。设计上一般要求不同探测器之间至少重叠 2 个数量级的功率水平,在重叠中间设置一个允许信号(如源量程与中间量程设置了 P6 信号,一般在 IRC = 10^{-10} A 时触发)。在达临界过程中,源量程在工作状态,中间量程也开始有信号,当中间量程电流增长 1 个数量级,即中间量程电流从 10^{-11} A 增长到 10^{-10} A 时,即源量程与中间量程重叠 1 个数量级时,系统会发出一个 P6 允许信号,此时可以允许闭锁源量程,切除源量程高压,让源量程退出工作状态。在停堆过程中,中间量程在工作状态,此时中间量程电流一般约以每分钟降一半的速率下降,当中间量程电流降到 10^{-10} A(即源量程与中间量程重叠 1 个数量级)时,系统会发出一个 P6 非信号,此时源量程重新恢复高压,并进入工作状态。

如果中间量程欠补偿严重,在反应堆停堆过程中,中间量程电流可能无法下降到位,从而无法触发 P6 非信号,源量程也无法投入运行,由于此时给出的中间量程电流是不正确的,并且源量程又未投用,如果长时间如此,堆芯实际上已经没有核监测手段,从而无法应对事故(如硼稀释事故)。在达临界过程中,中间量程电流很快触发 P6 信号,而此时源量程计数率还很低,源量程、中间量程重叠小于 1 个数量级,如果此时闭锁源量程,中间量程受本底电流的影响还不是一个可靠的信号,将给达临界及核安全监督带来风险。

如果中间量程过补偿,在反应堆停堆过程中,中间量程电流下降到一定程度时电流迅速下降到 0,此时源量程提前投入后,可能由于源量程计数率高于其停堆定值而触发停堆保护信号,如图 7-1 所示。在达临界过程中,随着源量程计数率的增加,中间量程电流会从 0 迅速跳到某数值,从而出现中间量程短周期及报警情况。

因此,如果探测器的信号无法与反应堆功率水平或中子注量率成正比,不仅无法用于反应性计算和监督,也会给反应堆运行带来一系列问题和安全隐患。为此,探测器线性与重叠检查是很有必要的,物理人员和运行人员应重点关注。

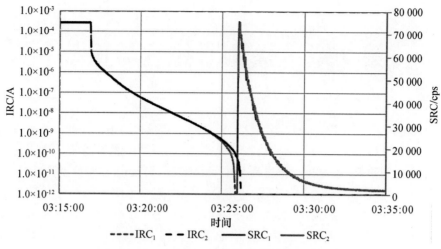

图 7-1 停堆后中间量程与源量程的变化

7.1 试验数据处理

本试验不需要专门进行,只要把达临界到多普勒发热点的数据导出进行处理即可。

将源量程数据作为横坐标,中间量程数据作为纵坐标绘图,做这条曲线的拟合直线。理想情况下,这条拟合直线的截距为 0。如不为 0,说明中间量程存在欠补偿或过补偿的情况。可以画一条穿过原点的直线并与曲线对比,曲线与直线重合的部分就是源量程与中间量程的线性重叠部分。

如图 7-2 所示,源量程与中间量程曲线的拟合直线截距大于 0,说明中间量程存在欠补偿的情况。穿过原点的直线与曲线对比,当源量程大于 5 000 cps 或中间量程大于 5×10^{-11} A 时,源量程与中间量程满足线性与重叠要求。

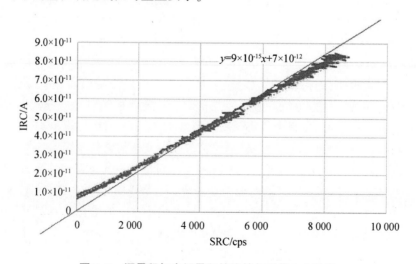

图 7-2 源量程与中间量程的线性与重叠之欠补偿

如图7-3所示,源量程与中间量程曲线的拟合直线截距小于0,说明中间量程存在过补偿的情况。穿过原点的直线与曲线对比,当源量程大于7 000 cps或中间量程大于1.2×10^{-10} A时,源量程与中间量程才勉强接近线性与重叠要求。

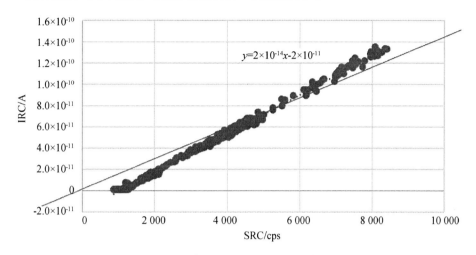

图7-3 源量程与中间量程的线性与重叠之过补偿

第8章 反应性仪校验

反应性是反应堆监测的一个重要参数,它的准确测量对于反应堆的安全具有重要意义。反应性仪是实时测量反应堆反应性的专用仪器,是进行堆芯物理试验的重要设备。因此零功率物理试验前需要对反应性仪进行校验试验,从而验证、检查反应性仪的测量精度是否满足要求。

8.1 反应性仪简介

反应性仪通过跟踪堆外中子探测器信号的变化,实时测量由各种参数变化所引入的反应性,包括控制棒位置的变化、硼浓度的变化及温度的变化等所引入的反应性,特别是在热态零功率状态下,经过试验和数据处理可以给出一系列反应堆重要参数的实测值(如各种控制棒价值、硼微分价值及总温度系数等)以供验证理论计算结果。由于中子注量率水平和堆外中子探测器测得的电流大小成正比,所以式(2-36)中的中子注量率水平可以用探测器测量转换得到的电流代替:

$$\rho = \frac{\Lambda}{I}\left(\frac{dI}{dt} + \sum_{i=1}^{6}\frac{dc_i}{dt} - q\right) \tag{8-1}$$

式中,I 为堆外中子探测器测得电流。

由于初始状态是已知的,则可以根据式(8-1)对电流信号进行采样,通过逆动态计算得到反应性的数值解。

在反应性测量过程中,当通量水平较低时,应该考虑源项的影响。一般反应堆中间量程电流测量值超过 10^{-8} A 时,源项的贡献可以忽略不计。

由于反应性仪的工作原理建立在经过简化的点堆模型的基础上,因此它不适合进行空间效应变化大的反应性测量。在实际应用中,为了保证反应性测量精度及反应堆周期的控制,反应性的测量范围一般推荐为±50 pcm 以内。反应性仪在发展过程中经历了几个典型的代际代替。

第一代反应性仪是模拟式反应性仪,输入信号经由电阻、电容或积分器、加法器组成的模拟电路,输出反应性模拟信号。

第二代反应性仪是数字式反应性仪,输入信号经数字化后送计算机数值求解逆动态方程得到反应性。

第二代反应性仪的缺点是必须手动选择输入信号所在的挡位,在中子注量率水平变化比较大时,超出了该挡位的量程范围,反应性仪只能切换挡位而无法连续测量反应性。第三代反应性仪最重要的功能是可以自动切换量程,连续测量多个量级的电流变化保证反应性连续测量,可以支持动态刻棒测量,它也是数字式反应性仪。反应性仪功能的变化为物理试验技术的进一步优化提供了技术基础。

8.2 校验原理

为了确保物理试验测量结果准确可靠,必须在热态零功率物理试验开始前对反应性仪的测量精度进行校验。反应性仪校验实际上就是用周期法检查、验证反应性仪的测量精度是否满足要求。反应性校验的第一个目的是为了验证反应性仪的测量系统及算法是否满足精度要求;第二个目的是为了验证中子动力学参数设置是否正确;第三个目的是验证核设计提供的中子动力学参数是否正确。

在 2.5 节中,根据点堆中子动力学方程推导得到的倒时方程,它就是在反应堆运行中通过测量周期来确定反应性的方法,即周期法。在 2.8 节中对周期法也做了详细的介绍,明确了其适用范围,简单地说就是功率必须提高到可忽略中子源影响的水平,周期法不适用于测量大反应性和负反应性,周期法选取数据时必须等待足够的时间。

只要测量出中子变化 1 倍的时间(即倍增周期 T_d),就可以根据式(2-22)、式(2-23)计算反应性 ρ,这就是通过周期法测量反应性来校验反应性仪的原理。为了通过 T_d 很方便的找出所对应的 ρ,可将 ρ-T_d 关系制成表格或曲线。

在校验反应性仪时,试验应在零功率物理试验范围和零氙状态下进行。根据倒时方程的推导,应使用反应性变化经过一段时间后的数据,来处理倍增周期 T_d 与反应性 ρ。

8.3 试验方法

试验前反应堆处于临界状态,反应堆冷却剂的平均温度和压力均处于稳定状态,一回路硼浓度已经均匀。

连续提升控制棒到反应性仪读出大约 +20 pcm 的反应性,然后保持控制棒不动。当功率上升到初始功率的 3 倍以上时,可将控制棒插到适当的位置,将反应堆控制在临界状态。

按上述方法继续进行 +40 pcm、+60 pcm 挡的反应性仪校验试验。注意反应堆功率必须在零功率物理试验范围内进行,如有必要,试验前先用控制棒将中子注量率水平调到零功率物理试验范围下限附近。

8.4 周期计算方法

周期计算是周期法的核心内容之一,这里简单介绍计算周期或倍增周期的方法。

倍增周期法,就是寻找中子注量率水平变化 1 倍的 2 个时间点(t_1 和 t_2),二者的时间差就是倍增周期 T_d。

两点法,就是利用任意 2 个点的中子注量率水平和时间,计算 e 倍周期:

$$T = \frac{t_2 - t_1}{\ln \frac{n_2}{n_1}} \tag{8-2}$$

拟合法,就是对选取的一段中子注量率水平和时间进行数据处理,从而计算得到周期的方法。拟合法之一,对选取的中子注量率水平取自然对数,用这些值与对应的时间进行拟合,得到如下:

$$\ln n = kt + c \tag{8-3}$$

式中,k 为拟合直线的斜率。

对式(2-18)取对数,有

$$\ln n = \frac{t}{T} + \ln n_0 \tag{8-4}$$

则周期

$$T = \frac{1}{k} \tag{8-5}$$

拟合法之二,对式(2-18)进行时间求导数,经整理可得

$$T = \frac{n}{\dfrac{\mathrm{d}n}{\mathrm{d}t}} \tag{8-6}$$

即周期等于中子注量率水平与其对时间的变化率之比。中子注量率水平对时间的变化率,可通过对选取的中子注量率水平随时间的变化进行线性拟合的斜率得到。

倍增周期法是最简单、最经典的方法,一般结果比较可靠。两点法适合数值计算,两点之间需间距足够大,两点靠太近时周期波动大,结果不可靠。拟合法采用多点拟合,可以减小两点法的误差。几种周期法比较见表 8-1。

表 8-1 几种周期法比较

周期法	优点	缺点	备注
倍增周期法	只需要 2 个点,数据处理简单	2 个点相距较远,可能无法满足周期法的假设而产生较大误差	在早期的物理试验中广泛使用
两点法	只需要 2 个点,容易找到满足周期法假设的点	如果 2 个点选取太近,周期计算可能产生较大误差	在数字化在线周期计算中广泛使用
拟合法之一	计算周期比较稳定	需要连续的多个点,需要计算机辅助计算	更适合在数字化在线周期计算中使用
拟合法之二	计算周期比较稳定	需要连续的多个点,需要计算机辅助计算	更适合在数字化在线周期计算中使用

8.5 试验数据处理

8.4 节中给出了几种计算周期或倍增周期的方法。在周期计算时应选取中子注量率水

平变化的末段数据,这样才能减小测量周期的误差。如图 8-1 所示,利用倍增周期法,时间在 483 s 到 733 s,电流从 5×10^{-8} A 增长到 1×10^{-7} A,刚好增长 1 倍,则倍增周期 $T_d = 733 - 483 = 250$ s;对应时间段的反应性平均值为 $\rho_r = 18.48$ pcm。

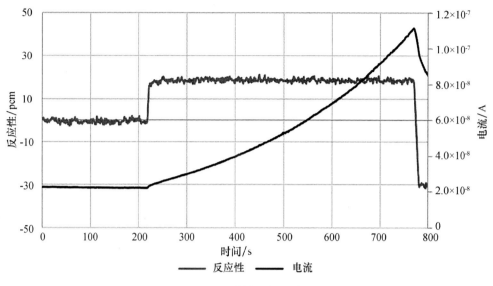

图 8-1 反应性仪校验试验

根据倍增周期 T_d,在 ρ-T_d 表上找出对应的 $\rho_d = 18.43$ pcm,也可将周期 T 直接代入倒时方程计算 ρ_d。

反应性仪测得的反应性 ρ_r 与周期法得到的反应性 ρ_d 的相对误差:

$$\left|\frac{\rho_r - \rho_d}{\rho_d}\right| = \left|\frac{18.48 - 18.43}{18.43}\right| = 0.28\%$$

如果相对误差小于或等于 4%,则结束试验;如果相对误差大于 4%,则找出误差大的原因,改进试验或检查反应性仪的参数,重做相对误差大于 4% 的反应性值下的试验,直到相对误差小于或等于 4% 为止。

第 9 章 末端反应性测量

在试验中,我们期望测量控制棒在指定位置的物理参数,然而由于硼浓度调节的原因,我们往往无法刚好做到控制棒在指定位置临界。因此,控制棒在当前位置移动到指定位置的反应性测量,称为末端反应性测量;而控制棒从当前位置移动到指定位置反应性变化量的测量,称为控制棒末端价值测量。一般末端测量是指定控制棒从接近全提位置移动到全提位置,或其从接近全插位置移动到全插位置。末端反应性测量或控制棒末端价值测量并不是物理试验测量验收项目,然而在控制棒价值测量、临界硼浓度测量等各个试验中都需要执行此项测量,为了后续讨论方便,将这部分内容单独叙述。

9.1 测量原理

控制棒从当前位置移动到指定位置的测量过程中,如果功率、毒、硼浓度及燃耗不变,则根据式(3-32),反应性平衡方程变为

$$\Delta \rho = \Delta \rho_{rcca} + \Delta \rho_{\Delta T} \tag{9-1}$$

如果测量过程中慢化剂温度保持不变,则式(9-1)又简化为

$$\Delta \rho_{rcca} = \Delta \rho \tag{9-2}$$

即控制棒末端价值等于控制棒在指定参考位置时的反应性与在当前位置时的反应性之差。为便于后续表示,用 $\Delta \rho_{tip}$ 表示控制棒末端价值,即

$$\Delta \rho_{tip} = \rho_{rccaref} - \rho_{rccam} \tag{9-3}$$

式中,ρ_{rccam} 为控制棒在当前位置时的反应性;$\rho_{rccaref}$ 为控制棒在指定参考位置时的反应性,即末端反应性。

由于在进行末端反应性测量前控制棒一般在临界附近,即 $\rho_{rccam} \approx 0$,所以一般情况下 $\Delta \rho_{tip} \approx \rho_{rccaref}$。

控制棒提棒到参考位置时,$\rho_{rccaref} > 0$,称为上末端;控制棒插棒到参考位置时,$\rho_{rccaref} < 0$,称为下末端。

9.2 测量方法

首先,测量必须在零功率物理试验范围内,反应堆处于临界状态。

其次,一回路硼浓度已经充分均匀。当一回路环路硼浓度与稳压器硼浓度分析取样硼浓度差小于 20 ppm 时,就可以认为一回路硼浓度是均匀的。

当一回路硼浓度已经均匀,同时反应性仪测得的反应性已经达到稳定时,方可进行控制棒末端价值测量。控制棒末端价值测量时应注意,控制棒每次都从相同的 P_i 位置移动到

参考位置 P_0；同时注意控制末端价值的反应性绝对值尽量小于 50 pcm，否则应相应的通过调硼来调整。

以上末端价值测量为例。测量过程中，控制棒直接从当前位置 P_i 提到参考位置 P_0，控制棒在参考位置保持到反应性稳定，时间不少于 1 min；在功率水平未超出零功率物理试验范围之前，将控制棒插到 P_i 位置以下，把功率降下来；当功率降到位后，把控制棒提回到 P_i 位置并稳定一定时间，为下一次末端价值测量做准备。一般将 3 次测得的平均值作为控制棒的末端价值。下末端价值测量类似。注意中间不分次提棒或插棒，主要是因为一般末端价值比较大，分次动棒导致时间拉长，功率水平可能会超出零功率物理试验范围。

在试验过程中应注意控制堆芯平均温度，使其与参考温度偏差尽量在±0.5 ℃内。如果控制堆芯平均温度与参考温度偏差在±0.5 ℃内，可以省略温度修正。

9.3 测量方法优化

试验的条件与 9.2 节相同，优化主要是放宽末端价值的范围。传统的末端价值测量一般要求末端价值绝对值小于 50 pcm，否则就要通过调硼来调整。调硼后又要通过一回路取样来证明一回路的均匀性。调整一次可能需要 1~3 h，如果末端价值测量的多，就要耗费大量的时间。由于新一代的反应性仪可以自动切换量程，在电流范围变化大时不影响反应性的连续测量，因此，可将末端价值测量优化为：要求上末端价值一般小于+75 pcm，不允许超过+100 pcm，倍增周期不小于 40 s 时还能控制，如果再大，反应堆就很难控制；要求下末端价值一般不超过-200 pcm，虽然下末端更低没有安全问题，但空间效应会影响反应性准确测量。

由于末端价值增大，测量过程中更要注意中间不要分次提棒或插棒。

传统的反应性仪一般只能在选定的量程范围内工作，为了保证反应性测量准确，一般要求控制功率水平在其量程的 20%~90%，功率水平变化不到 5 倍。而新一代的反应性仪一般支持自动切换量程，可以支持整个零功率物理试验范围，范围一般小则有 1 个数量级，大则可达到 2 个数量级以上。

传统的末端价值测量一般要做 3 次。根据实践经验，由于末端价值测量的结果比较客观，多次测量的结果基本一致，因此该试验可以优化为 1 次即可。

9.4 试验数据处理

末端价值的数据处理比较简单。取 P_i 位置的一段反应性取平均值得 ρ_1。而 P_0 位置反应性选取时要注意，不选取开始一段出现圆角或尖角一段的反应性，选取后面较平直部分的反应性并计算平均值得 ρ_2。如果使用上、下段功率量程计算的反应性，则选取上、下段计算的反应性进行重合后的反应性来计算平均值，则末端反应性为 ρ_2，末端价值为 $\Delta \rho_{tip} = \rho_2 - \rho_1$。

如图 9-1 所示，R 棒组在 192 步时的反应性为 0 pcm。将 R 棒组提到 225 步位置（ARO），此时反应性为 30.4 pcm。则 R 棒组提到 225 步的末端反应性为 30.4 pcm，R 棒组从192步到225步的末端价值为30.4-0=30.4 pcm。

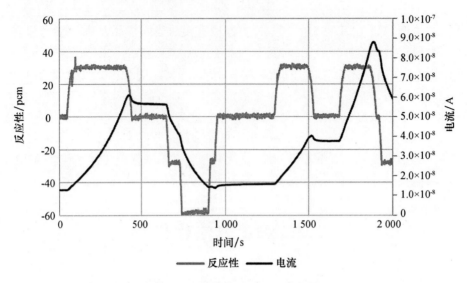

图9-1 R棒组上末端反应性测量

第10章 临界硼浓度测量

当反应堆处于临界状态时,裂变产出的中子与消失的中子达到平衡,此时的棒位称为临界棒位,此时的一回路硼浓度称为临界硼浓度。反应堆的临界硼浓度间接但直观的反映了反应堆后备反应性的大小,或者说反映了反应堆所具有或剩余的循环长度,其测量值与设计值之间的差异是评估核设计计算准确性最直观的参数。

10.1 热态满功率临界硼浓度测量

核设计一般会提供在特定状态下的临界硼浓度,如全提棒(ARO)、满功率、平衡氙状态下的临界硼浓度。而反应堆实际运行控制中很难刚好将堆芯状态调整到与设计状态一致,特别是控制棒一般难以调整到理论要求的给定棒位,功率也不会刚好满功率,此时就需要对堆芯状态偏离下的临界硼浓度修正到给定状态下的临界硼浓度,即临界硼浓度测量试验。

10.1.1 测量原理

在 t 时刻,反应堆处于临界状态;状态 m、ref 分别表示测量状态、设计参考状态。在 t 时刻,燃耗相同,即 $\Delta\rho_{bu}=0$;则根据式(3-9),测量状态与设计参考状态的反应性平衡方程表示如下:

$$\Delta\rho = \Delta\rho_{cb} + \Delta\rho_{ps} + \Delta\rho_{rcca} + \Delta\rho_{dop} + \Delta\rho_{mod} + \Delta\rho_{void} + \Delta\rho_{rdc} = 0 \quad (10-1)$$

临界硼浓度测量一般在满功率和零功率下进行。在满功率进行临界硼浓度测量修正时,其参考状态一般是满功率、平衡氙、全提棒状态。平衡钐毒与功率水平无关,平衡氙毒是功率的函数;全提棒状态控制棒引入反应性为0,即 $\rho_{rccaref}=0$;一般测量状态比较接近满功率,则可假设 $\Delta\rho_{void}=0$,$\Delta\rho_{rdc}=0$;忽略温度偏差对多普勒效应的影响,多普勒功率亏损为功率的函数。则有

$$\Delta\rho_{cb} = (c_{Bm} - c_{Bref})\alpha_b \quad (10-2)$$

$$\Delta\rho_{ps} = \Delta\rho_{xe} = \rho_{xem} - \rho_{xeref} \quad (10-3)$$

$$\Delta\rho_{rcca} = \rho_{rccam} - \rho_{rccaref} = \rho_{rccam} \quad (10-4)$$

$$\Delta\rho_{dop} \approx (P_{rm} - HFP)\alpha_{dpc} \quad (10-5)$$

$$\Delta\rho_{mod} = (T_{avgm} - T_{hfp})\alpha_{mtc} \quad (10-6)$$

$$\alpha_{dpc} = \frac{\alpha_{dpcm} + \alpha_{dpcref}}{2} \quad (10-7)$$

$$\alpha_{mtc} = \frac{\alpha_{mtcm} + \alpha_{mtcref}}{2} \quad (10-8)$$

$$\alpha_{b} = \frac{\alpha_{bm} + \alpha_{bref}}{2} \quad (10-9)$$

式中,c_{Bm} 为 t 时刻测量状态下的测量临界硼浓度;c_{Bref} 为修正到 t 时刻满功率、平衡氙、全提棒状态下的临界硼浓度;ρ_{xem}、ρ_{xeref} 分别为测量状态、满功率状态下的平衡氙毒;ρ_{rccam} 为测量状态的控制棒引入的反应性;Pr_m 为测量状态的反应堆功率;HFP 为满功率;T_{avgm} 为测量状态下的慢化剂平均温度;T_{hfp} 为满功率时的参考温度;α_{dpcm}、α_{dpcref} 分别为测量状态、满功率状态下的多普勒功率系数,α_{dpc} 为它们的平均值;α_{mtcm}、α_{mtcref} 分别为测量状态、满功率状态下的慢化剂温度系数,α_{mtc} 为它们的平均值;α_{bm}、α_{bref} 分别为测量状态、满功率状态下的硼微分价值,α_b 为它们的平均值。

则满功率、平衡氙、全提棒状态下的临界硼浓度测量修正值为:

$$c_{Bref} = c_{Bm} + \frac{(\rho_{xem} - \rho_{xeref}) + \rho_{rccam} + (P_{rm} - HFP)\alpha_{dpc} + (T_{avgm} - T_{hfp})\alpha_{mtc}}{\alpha_b}$$

$$(10-10)$$

以上的测量原理是传统满功率临界硼浓度修正方法。该方法做了几个近似假设:第一,假设 $\Delta\rho_{void} = 0$,$\Delta\rho_{rdc} = 0$;第二,忽略温度偏差对多普勒效应的影响。因此传统修正方法功率偏离满功率不能太远,温度偏差也不宜太大。本小节对测量原理进行优化,消除传统方法的假设,给出新的修正公式。

在 t 时刻,反应堆处于临界状态;状态 m、ref 分别表示测量状态、设计参考状态。在 t 时刻,燃耗相同,即 $\Delta\rho_{bu} = 0$;则根据式(3-32),测量状态与设计参考状态的反应性平衡方程表示如下:

$$\Delta\rho_{cb} + \Delta\rho_{ps} + \Delta\rho_{rcca} + \Delta\rho_{pr} + \Delta\rho_{\Delta T} = 0 \quad (10-11)$$

其中,$\Delta\rho_{ps}$、$\Delta\rho_{rcca}$ 与式(10-3)、式(10-4)中一致,另外

$$\Delta\rho_{pr} = (P_{rm} - HFP)\alpha_{pc} \quad (10-12)$$

$$\alpha_{pc} = \frac{\alpha_{pcm} + \alpha_{pcref}}{2} \quad (10-13)$$

$$\Delta\rho_{\Delta T} = \rho_{\Delta Tm} - \rho_{\Delta Tref} = [T_{avgm} - T_{ref}(P_{rm})]\alpha_{ttcm} - (T_{ref} - T_{ref})\alpha_{ttc}$$
$$= [T_{avgm} - T_{ref}(P_{rm})]\alpha_{ttcm} \quad (10-14)$$

式中,$\rho_{\Delta Tm}$、$\rho_{\Delta Tref}$ 分别为测量状态、参考状态下的慢化剂温度偏差引入的反应性;α_{pcm}、α_{pcref} 分别为测量状态、满功率状态下的功率系数,α_{pc} 为它们的平均值;T_{avgm}、$T_{ref}(P_{rm})$ 分别为测量状态下的慢化剂平均温度与参考温度;α_{ttcm} 为测量状态下的总温度系数。

则满功率、平衡氙、全提棒状态下的临界硼浓度测量修正值为

$$c_{Bref} = c_{Bm} + \frac{(\rho_{xem} - \rho_{xeref}) + \rho_{rccam} + (P_{rm} - HFP)\alpha_{pc} + [T_{avgm} - T_{ref}(P_{rm})]\alpha_{ttcm}}{\alpha_b}$$

$$(10-15)$$

式中,ρ_{xem}、ρ_{xeref} 分别为测量状态、满功率状态下的平衡氙毒。

需要注意的是,在式(10-15)推导过程中,假设了平衡钐毒,如果实际钐毒与参考状态钐毒一致也是可以的,如寿期初 1 个月钐毒未平衡状态式(10-15)也适用。但钐毒平衡之后如果发生停堆,在恢复满功率运行时,除了要满足氙平衡的假设,也要满足钐平衡或钐毒相等的假设,否则式(10-15)的修正将带来额外的误差。停堆后恢复满功率的钐平衡时间需要 4 天,因此这 4 天式(10-15)不适用,否则应增加钐毒修正。

10.1.2 一回路可溶硼 ^{10}B 丰度的影响

反应堆在运行过程中,一回路中的可溶硼在堆芯中子辐照下,由于硼-10(^{10}B)的截面比较大而发生反应造成损耗,相对而言,硼-11(^{11}B)的损耗可忽略不计。长时间运行后,一回路中的可溶硼 ^{10}B 的丰度(同位素原子含量)将逐渐变小。硼引入的反应性其实主要是 ^{10}B 引入的反应性,为了保持相同的反应性引入量,即在相同 ^{10}B 浓度的情况下,硼浓度必然提高。而可溶硼 ^{10}B 丰度的变化又与运行密切相关,因此核设计一般给出的是天然 ^{10}B 丰度的临界硼浓度,这样实际堆芯跟踪过程的临界硼浓度就会与理论值产生较大的偏差,正常情况下会超出 50 ppm 的运行准则,特别是 18 个月换料等长循环换料。为此在长循环换料中应考虑 ^{10}B 丰度的影响。

则满功率、平衡氙、全提棒状态下,考虑 ^{10}B 丰度影响的临界硼浓度测量修正值为

$$c_{B\,ref} = c_{B\,m}\frac{x_m}{x_n} + \frac{(\rho_{xem} - \rho_{xeref}) + \rho_{rccam} + (P_{rm} - HFP)\alpha_{pc} + [T_{avgm} - T_{ref}(P_{rm})]\alpha_{ttcm}}{\alpha_b}$$

(10 - 16)

式中,x_m、x_n 分别为测量状态、大然的 ^{10}B 同位素质量含量。

如果已知 ^{10}B 丰度,可由下式计算 ^{10}B 同位素质量含量:

$$x = \frac{yA_1}{A_2 + yA_1 - yA_2}$$

(10 - 17)

式中,y 为 ^{10}B 同位素丰度;A_1 为 ^{10}B 原子质量数;A_2 为 ^{11}B 原子质量数。

10.1.3 满功率临界硼浓度测量方法

反应堆处于接近满功率稳定状态,并且已经达到氙平衡。

测量反应堆的热功率,同时测量一回路的硼浓度,记录控制棒棒位、燃耗、一回路平均温度。如果有条件,测量一回路可溶硼中 ^{10}B 的丰度。

10.1.4 数据处理方法

首先,根据测量和记录的参数计算或查表计算参考温度、功率系数、总温度系数、氙毒、硼微分价值(表 10-1)。

其次,计算功率系数、硼微分价值的平均值。

第三,计算功率亏损变化量、控制棒引入反应性的变化量、温度引起的反应性变化量、氙毒变化量,并将此 4 项反应性变化量相加,得到总反应性变化量。

最后,根据式(10-15)计算满功率、平衡氙、全提棒状态下的临界硼浓度。计算示例如下:

$$c_{B\,ref} = 760 + \frac{11 + (-45.6) + (98.26 - 100) \times (-18.32) + (309.5 - 309.68) \times (-47.96)}{-6.66}$$

$$= 759.1 \text{ ppm}$$

此燃耗满功率状态下的理论临界硼浓度为 675.3 ppm,则测量值与理论值的偏差达到

83.8 ppm,超过 50 ppm 的运行准则。

因此,需要进行^{10}B 丰度修正。^{10}B 同位素天然丰度为 19.8%,其对应的同位素质量含量为 18.33%;此次的^{10}B 丰度测量值为 18.83%,其对应的同位素质量含量为 17.42%。则 760 ppm 的硼浓度测量值经考虑^{10}B 丰度影响后,其对应^{10}B 天然丰度的硼浓度为 722.1 ppm。则最终考虑^{10}B 影响的满功率修正临界硼浓度为 721.3 ppm,这样测量值与理论值的偏差为 45.9 ppm,满足运行准则。

表 10-1 满功率临界硼浓度主要参数及计算

	燃耗/(MWd/tU)	硼浓度/ppm	功率/%FP	功率系数/(pcm/%FP)	功率亏损/pcm	棒位/步	控制棒引入反应性/pcm	一回路平均温度/℃	参考温度/℃	总温度系数/(pcm/℃)	温度引起的反应性/pcm	氙毒/pcm	总反应性变化量/pcm	硼微分价值/(pcm/ppm)
参考值	11 347	675.3	100	-18.35		225	0	310	310				-2 689	-6.66
测量值	11 347	760	98.26	-18.29		208	-45.6	309.5	309.68	-47.96			-2 678	-6.67
平均值				-18.32										-6.66
变化量					31.90		-45.6				8.44	11	5.75	
^{10}B 修正		722.1												

10.2 零功率临界硼浓度测量

在零功率物理试验过程中,也需要将测量的临界硼浓度修正到设计状态,以便与理论值进行比较,其参考状态一般是零功率、零氙,控制棒则有全提棒或某一棒组全插或几个棒组全插状态。

与 10.1 节不同的是,测量状态下反应堆不一定处于临界状态,即 ρ 不一定等于 0。根据式(3-28),设计参考状态的反应性平衡方程分别表示如下:

$$\rho = \rho_{\text{cbref}} + \rho_{\text{psref}} + \rho_{\text{rccaref}} + \rho_{\text{bu}} + \rho_{\text{prref}} + \rho_{\Delta T\text{ref}} = 0 \quad (10-18)$$

为了便于比较,将控制棒从当前棒位移动到参考棒位进行末端反应性测量,即

$$\rho_m = \rho_{\text{cbm}} + \rho_{\text{psm}} + \rho_{\text{rccam}} + \rho_{\text{bum}} + \rho_{\text{prm}} + \rho_{\Delta Tm} \quad (10-19)$$

由于是零功率,因此功率亏损项为 0;$\rho_{xe}=0$,$\rho_{pr}=0$,钐毒 ρ_{sm} 不变;设计参考状态下,温度是参考温度,即 $\rho_{\Delta T\text{ref}}=0$。参考棒位相同,$\rho_{\text{rccam}}$ 即为 ρ_{rccaref};式(10-19)、式(10-18)两式相减:

$$(\rho_{\text{cbm}} - \rho_{\text{cbref}}) + \rho_{\Delta Tm} = \rho_m \quad (10-20)$$

$$\alpha_b(c_{Bm} - c_{B\text{ref}}) + \alpha_{\text{ttc}}(T_{\text{avgm}} - T_{\text{ref}}) = \rho_m \quad (10-21)$$

则根据式(10-21),测量状态修正到参考状态的临界硼浓度为

$$c_{B\text{ref}} = c_{Bm} + \frac{-\rho_m + \alpha_{\text{ttc}}(T_{\text{avgm}} - T_{\text{ref}})}{\alpha_b} \quad (10-22)$$

在零功率参考位置的临界硼浓度测量,是当前棒位下的硼浓度加上参考棒位下的末端反应性修正和温度修正。

10.2.1 零功率临界硼浓度测量方法

首先,测量必须在零功率物理试验范围内,反应堆处于临界状态。

其次,一回路硼浓度已经充分均匀,此时取样结果才能代表一回路硼浓度。当一回路环路硼浓度与稳压器硼浓度分析取样硼浓度差小于 20 ppm 时,就可以认为一回路硼浓度是均匀的,此时的一回路硼浓度分析值可以认为是有效值。此时可以每隔 15 min 取样分析,共分析 3 次,3 次的平均值作为 P_i 位置测得的临界硼浓度。

当已确认一回路硼浓度是均匀的,同时反应性仪测得的反应性已经达到稳定时,方可进行控制棒末端反应性测量。控制棒末端反应性测量时应注意反应性尽量小于 +50 pcm,否则应相应的通过调硼来调整。这样 3 次测得的平均值作为控制棒的末端反应性。

在试验过程中应注意控制堆芯平均温度,使其与参考温度偏差尽量在 ±0.5 ℃ 内。如果控制堆芯平均温度与参考温度偏差在 ±0.5 ℃ 内,可以省略温度修正。

10.2.2 数据处理方法

获得 P_i 位置测得的临界硼浓度、P_i 位置移动到 P_o 位置控制棒的末端反应性及控制棒末端价值测量时堆芯平均温度和参考温度的偏差数据后,就可以根据式(10-22)获得参考棒位 P_o 的临界硼浓度 $CBC(P_o)$。

如福清 4 号机组首循环寿期初、热态零功率 ARO 临界硼浓度测量时,R 棒组在 192 步时临界,环路硼浓度 3 次取样的平均值为 1 171.3 ppm,一回路平均温度为 291.9 ℃,R 棒组提到 225 步的末端反应性为 30.4 pcm;参考温度为 291.4 ℃,硼微分价值为 -11.093 pcm/ppm,总温度系数为 -3.617 pcm/℃。则根据式(10-22),寿期初、热态零功率 ARO 临界硼浓度:

$$c_{\text{Bhzparo}} = 1\ 171.3 + \frac{-30.4 + (-3.617) \times (291.9 - 291.4)}{-11.093} = 1\ 174.2 \text{ ppm}$$

10.2.3 N-1 束棒临界硼浓度测量

N-1 束棒临界硼浓度测量是零功率临界硼浓度测量中比较特殊的试验,其测量方法与以上一致,但是状态相对特殊,有一定的安全风险,因此一般只在原型堆中进行测量,这里仅做简要介绍。

N-1 束棒临界硼浓度测量是模拟落棒停堆的卡棒状态,它的状态是所有棒全插,但把价值最大的一束棒提出堆芯,测量此时零功率状态下的临界硼浓度。

前面提到,N-1 束棒临界硼浓度测量具有安全风险。因为如果此时发生紧急停堆,且又发生了最大一束棒卡棒,那就是没有控制棒下落,或者说控制棒引入的反应性为 0,则不满足落棒停堆后 1 000 pcm 停堆裕量的设计要求。

为了提高该试验的安全性,满足停堆裕量的设计要求,需要在此试验的基础上再保留 1 000 pcm 的控制棒价值。即该试验的状态是所有棒全插,把价值最大的一束棒提出堆芯,同时将一组控制棒（一般选安全棒）提出堆芯保留 1 000 pcm 的位置，确保停堆时有 1 000 pcm 的停堆裕量，测量此时零功率状态下的临界硼浓度。该硼浓度是满足停堆裕量的最小临界硼浓度，也是停堆后满足停堆裕量的最小停堆硼浓度，因此该硼浓度测量也称为寿期初"热停堆时的最小硼浓度"测量。

在试验过程中，要确认安全棒在堆外留有 1 000 pcm 的反应性。但是堆外 1 000 pcm 反应性测量困难，主要有以下一些原因：首先，不宜用稀释法进行刻度。如果继续用稀释法测量安全棒留在堆外的棒价值，那么堆外只剩下一束价值最大的控制棒，虽然这束棒价值在堆外也约有 1 000 pcm 反应性，但是这束棒是假设被卡住不能用的，而且无法保证试验过程中不发生真的卡棒事故。因此，从安全主面考虑不宜用稀释法进行刻度。其次，不宜用换棒法进行刻度。虽然其他控制棒都已被刻度，但采用不同控制棒对换，由于控制棒间的干涉效应及通量空间分布的变化，换棒获得价值并不等同于安全棒留在堆外的棒价值。

因此，在试验过程中，安全棒在堆外留 1 000 pcm 的棒位是根据核设计理论计算确定的。

在试验过程中，通过稀释将安全棒下插到理论数据给出的棒位附近，当回路硼浓度达到均匀后，测量临界硼浓度。如果临界棒位与理论给出棒位有差别，可以采用与控制棒末端价值测量相同的方法测量当前临界棒位到理论给定棒位的反应性，并记录堆芯平均温度。最后根据式(10-22)进行修正得到热停堆时的最小硼浓度。

第 11 章 控制棒价值测量

控制棒是反应堆快速控制反应性的重要设备。在反应性相关事故分析中使用了理论控制棒价值与理论计算的不确定性,因此实际的控制棒价值与理论值的偏差不能超过这个不确定性,否则直接影响相关安全分析的结果。另外,不同控制棒组的价值也间接反映了堆芯的功率分布。因此,控制棒价值测量是零功率物理试验中的重要试验,也是最耗时的试验,为此也发展出了多种测量方法。以下对几种测量方法进行介绍。

11.1 调 硼 法

调硼法是通过稀释或硼化的方式对控制棒价值进行测量的方法。该方法是商用压水堆最经典的控制棒价值测量方法,测量的结果也比较可靠,因此被广泛采用。

调硼法是在反应堆处于热态零功率试验范围内稳定运行时,上充系统以恒定速率向一回路系统注入除盐水(或含硼水),使一回路冷却剂的硼浓度以一定的速率被稀释(或硼化),从而向堆芯持续引入一个正(或负)反应性变化量,使堆芯的临界状态发生偏离,此时需要通过间断的插入(或提升)待测控制棒组来补偿反应性的变化。在这个过程中,反应性仪通过连续采集核仪表系统功率量程测量通道电流的变化,计算堆芯反应性变化,直到待测棒组插入(或提升)到某一预计的位置。对反应性曲线进行处理,可以得到每次控制棒移动的价值,将这些价值相加就可以得到控制棒积分价值;将这些价值除以对应的控制棒移动距离,就可以得到控制棒微分价值。

11.1.1 测量原理

在热态零功率状态下通过调硼法测量控制棒价值,为了研究方便,首先对调硼过程中控制棒的一次移动进行研究,如图 11-1 所示。在此测量过程中,反应堆功率为 0,由此可假设毒、燃耗不变,则根据式(3-32),控制棒从当前位置移动到指定位置的反应性平衡方程表示如下:

$$\Delta \rho = \Delta \rho_{cb} + \Delta \rho_{rcca} + \Delta \rho_{\Delta T} \quad (11-1)$$

如果测量过程中慢化剂温度保持不变,则式(11-1)可以简化为

$$\Delta \rho = \Delta \rho_{cb} + \Delta \rho_{rcca} \quad (11-2)$$

硼引入的反应性可以表示为

$$\rho_{cb} = c_B(t) \times \alpha_b \quad (11-3)$$

式中,$c_B(t)$ 为 t 时刻的硼浓度。又:

$$c_B(t) = c_{B0} + bs \times t \quad (11-4)$$

式中,c_{B0} 为 0 时刻的硼浓度;bs 为硼浓度单位时间的变化速率。

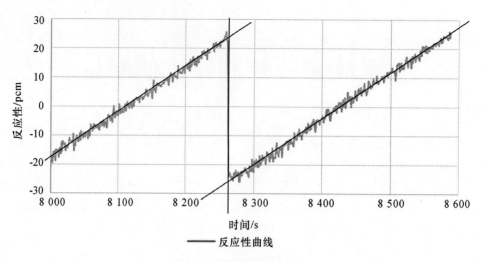

图 11-1 稀释插棒示意图

则根据式(11-3)、式(11-4),两个时刻的硼引入的反应性变化量:

$$\Delta\rho_{cb} = bs \times \alpha_b(t_2 - t_1) \tag{11-5}$$

则式(11-2)变为

$$\Delta\rho = bs \times \alpha_b(t_2 - t_1) + \Delta\rho_{rcca} \tag{11-6}$$

对于每一段没有动棒的调硼反应性曲线,可以拟合为

$$\rho = a \times t + b \tag{11-7}$$

式中,a 为反应性随时间的变化速率;b 为截距。则

$$\Delta\rho = bs \times \alpha_b(t_2 - t_1) + \Delta\rho_{rcca} = a \times (t_2 - t_1) + b_2 - b_1 \tag{11-8}$$

实际上,堆芯的反应性变化都是由于各分项的反应性变化引起的,即堆芯反应性随时间线性变化是由于调硼引起的,随时间的快速变化是由于控制棒移动引起的。硼浓度单位时间的变化速率与硼微分价值的乘积就是硼引入的反应性变化速率,即

$$bs \times \alpha_b = a \tag{11-9}$$

由此可知

$$\Delta\rho_{rcca} = b_2 - b_1 \tag{11-10}$$

也就是说堆芯反应性随时间的快速变化是由于控制棒移动引起的,或者说控制棒移动是反应性曲线沿 Y 轴平移(b_2-b_1)的距离。

如图 11-1 所示,或者在控制棒移动的位置画一条中垂线,由于 $t_2=t_1$,根据式(11-8)同样可以得到式(11-10),这也是根据反应性曲线获得一段控制棒价值的方法。根据反应性加法原理,将每次控制棒移动的价值相加就可以得到控制棒积分价值。

11.1.2 测量方法

测量必须在零功率物理试验范围内,反应堆处于临界状态。

待测棒组如果不在给定位置,则先进行一个控制棒末端价值测量。

根据所要测量的控制棒价值,计算其所需要的稀释量或硼化量。根据反应性引入速率确定稀释或硼化的速率,反应性引入速率一般为 500 pcm/h,不要超过 1 000 pcm/h。根据计算的稀释量(或硼化量)、稀释速率(或硼化速率)启动一回路的稀释(或硼化)。

以稀释刻棒为例,在一回路稀释过程中,反应性逐渐增加,中子注量率水平也随反应性发生变化。当反应性增加到约+30 pcm,或中子注量率水平接近零功率物理试验范围的上限,立即下插待测棒组使反应性下降到约-30 pcm。重复此过程,直到待测棒组插到指定位置,停止稀释。硼化刻棒类似,只需要根据反应性或中子注量率水平下限适时提棒即可。

在一回路均匀过程中,用控制棒移动来维持临界。如果待测控制棒未到达参考位置,则需要再进行一个控制棒末端价值测量。

在试验过程中应注意控制堆芯平均温度,使其与参考温度偏差尽量在±0.5 ℃内,避免温度波动大对控制棒价值测量造成影响。

11.1.3 控制棒积分价值处理方法

调硼法控制棒价值数据处理方法:首先,除动棒的反应性曲线段外,对每一小段调硼的反应性曲线进行拟合直线。注意,不选取动棒后开始几十秒出现圆角或尖角的一段反应性曲线。其次,以控制棒动棒前后的横坐标中点为垂直中点,绘制与时间轴的垂直中线。第三,垂直中线与邻近两条拟合直线相交,由这两个交点得到反应性变化量,这个反应性变化量就是这次控制棒移动的价值 $\Delta \rho_i$。重复以上步骤得到每次控制棒移动的价值。

以上主要是针对调硼法中间部分控制棒移动前后反应性曲线接近平行的处理方法,而在调硼初始和结束阶段,反应性曲线不再按线性变化,其数据处理方法与上述略有区别。垂直中线与前面相同;如果反应性曲线接近直线,同样做拟合直线;如果反应性曲线不是直线,则延控制棒移动前或控制棒刚移动后的反应性曲线做切线;切线或拟合直线与垂直中线相交,中线上两个交点就是此次控制棒移动的价值。硼化刻棒示例如图 11-2 所示。

将以上得到的控制棒移动的价值求和,再加上控制棒末端价值,就得到了待测棒组的控制棒积分价值。即:

$$\rho_{棒} = \Delta\rho_{上末端} + \sum_i \Delta\rho_i + \Delta\rho_{下末端} \qquad (11-11)$$

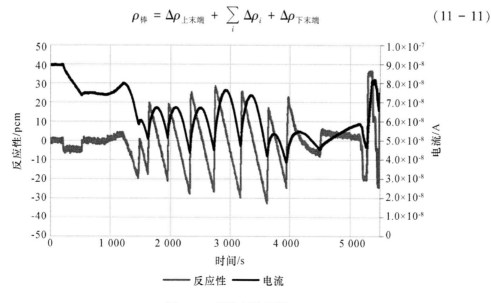

图 11-2 硼化刻棒示例

11.1.4 控制棒微分价值计算处理方法

调硼法可以用每段测量的反应性变化和棒位变化来计算控制棒微分价值。其主要方法是：根据记录的控制棒棒位，计算棒位变化量。获得对应棒位变化的反应性变化量。由反应性变化量除以对应的棒位变化量，即得到控制棒微分价值。微分价值为平均棒位位置的微分价值。

表 11-1 给出了图 11-2 的微积分价值处理结果。

表 11-1　G1(Rin)棒组微积分价值

棒位/步	平均棒位/步	棒位变化量/步	反应性变化量/pcm	微分价值/pcm/步	积分价值/pcm	说明
5	5			0.18	0	微分价值为理论值
40	22.5	35	23.5	0.67	23.5	
60	50	20	40	2.00	63.5	
75	67.5	15	41.5	2.77	105	
92	83.5	17	56	3.29	161	
110	101	18	59	3.28	220	
130	120	20	58	2.90	278	
153	141.5	23	53	2.30	331	
190	171.5	37	48	1.30	379	
225	207.5	35	11	0.31	390	
	225			0		微分价值为理论值

为了检查微分价值是否有误，应绘制微分价值曲线，其应该是条连续的曲线，如图 11-3 所示，否则应检查数据处理过程。

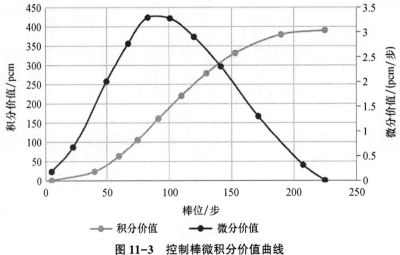

图 11-3　控制棒微积分价值曲线

11.2 换 棒 法

换棒法是通过已知价值的棒组替换未知价值的棒组,从而来测量控制棒价值的一种方法。由于测量过程不需要调硼耗费时间,且结果客观可靠,成为传统控制棒价值测量的一种重要方法。

式(3-28)的反应性平衡方程表示如下:

$$\rho = \rho_{cb} + \rho_{ps} + \rho_{rcca} + \rho_{bu} + \rho_{pr} + \rho_{\Delta T} \quad (11-12)$$

在热态零功率状态下进行换棒法测量控制棒价值。在此测量过程中,反应堆功率为0,可假设毒、燃耗不变,控制硼浓度、温度不变,则式(11-12)变为:

$$\rho = \rho_R + \rho_X + \rho_c \quad (11-13)$$

式中,ρ_c 为毒、燃料、硼浓度、温度引入的反应性总和;ρ_X 为待测棒组 X 引入的反应性;ρ_R 为已知棒组 R 引入的反应性。

为了测量待测棒组的价值,通过换棒、调硼将待测棒组全部插入堆芯,其他棒组全部提出堆芯。但这个状态一般很难刚好调整到位,一般是待测棒组全部插入堆芯,已知棒组插入堆芯一点维持临界;或待测棒组差一点全部插入堆芯,其他棒组全部提出堆芯。如图11-4 中换棒前状态0。

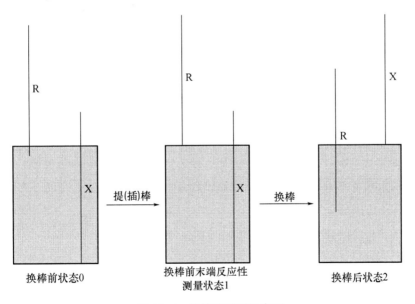

图 11-4 换棒法测量示意图

然后将已知棒组全部提出堆芯,或将待测棒组全部插入堆芯,保证堆芯内仅有待测棒组全部插入堆芯状态。如图 11-4 中换棒前末端反应性测量状态 1,该状态下的反应性平衡方程如下:

$$\rho_1 = \rho_{X1} + \rho_c \quad (11-14)$$

式中,ρ_1 为换棒前末端反应性测量状态 1 的反应堆反应性;ρ_{X1} 为待测棒组 X 引入的反应性。

状态 1 测量完成后，提出待测棒组，同时插入已知棒组，将已知棒组与待测棒组互换，直到待测棒组全部提出堆芯。如图 11-4 中换棒后状态 2，此时的反应性平衡方程如下：

$$\rho_2 = \rho_{R2} + \rho_c \tag{11-15}$$

式中，ρ_2 为换棒后状态 2 反应堆的反应性；ρ_{R2} 为已知棒组 R 引入的反应性。

根据换棒前后状态 1、2 的反应性平衡方程，就可以获得待测棒组 X 引入的反应性：

$$\rho_{X1} = \rho_{R2} - (\rho_2 - \rho_1) \tag{11-16}$$

11.2.1 试验方法

试验在热态零功率物理试验范围内进行换棒法测量控制棒价值。价值最大的一组棒已用调硼法完成价值测量，并给出该组控制棒的微积分价值。根据待测控制棒理论价值按从大到小的排序，作为换棒测量的顺序。

对于选定的一组待测棒组，通过换棒、调硼将待测棒组全部插入堆芯，而其他棒组全部提出堆芯。调硼结束并均匀后，一般是待测棒组全部插入堆芯，已知棒组插入堆芯一点维持临界；或待测棒组差一点全部插入堆芯，其他棒组全部提出堆芯。如图 11-4 中换棒前状态 0。

如果有进行调硼，则需要等待一回路硼浓度均匀，即一回路环路和稳压器取样硼浓度的偏差小于 20 ppm。然后将已知棒组全部提出堆芯，或将待测棒组全部插入堆芯，保证堆芯内仅有待测棒组全部插入堆芯状态，此时测量得到堆芯反应性 ρ_1。如图 11-4 中换棒前末端反应性测量状态 1。

状态 1 测量完成后，提出待测棒组，同时插入已知棒组，将已知棒组与待测棒组互换，直到待测棒组全部提出堆芯，用已知棒组维持临界或在临界附近，此时测量得到堆芯反应性 ρ_2。如图 11-4 中换棒后状态 2。注意，在换棒过程中，两个棒组的棒位无法事先知道，也就无法事先计算换棒的理论微分价值，再加上两组棒换棒过程的干涉效应，反应性变化难以预料。因此，换棒过程"提棒要谨慎"，可以分步提棒控制堆芯的反应性；"插棒要果断"，可以大胆插棒，插多了没关系，插少了继续再插。换棒过程要避免出现太大的正反应性，同时避免功率水平超出上限和下限。

根据以上步骤完成剩余棒组的价值测量。

以上步骤是待测棒组的价值小于已知棒组的测量方法。但有时待测棒组的价值会大于已知棒组，在价值不大于 100 pcm 的情况下仍然可以用换棒法测量，具体步骤需要适当调整。最关键的是换棒前状态 0 与前面稍有不同。

对于选定的一组待测棒组，通过换棒、调硼将待测棒组部分插入堆芯，该部分价值与已知棒组的价值相当，还有其他棒组全部提出堆芯。如图 11-5 中换棒前状态 0，其他步骤与前面的方法相同，这里不再累述。

11.2.2 试验优化

换棒法本身并不做改变，我们在以下方面进行了优化。

一个是调硼后一回路硼浓度均匀化问题。前面已经介绍，如果有进行调硼，则需要等待一回路硼浓度均匀，传统的做法往往是让化学取样一回路环路、稳压器硼浓度 3 次，证明

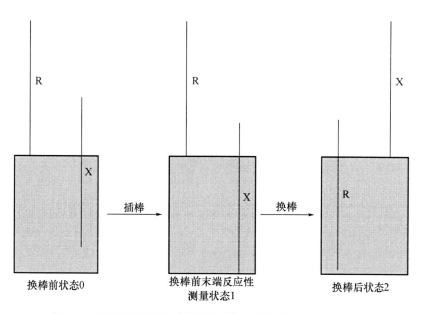

图 11-5 换棒法测量示意图,待测棒组价值大于已知棒组价值

稳定后才继续后面的步骤。化学分析取样证明大约需要 1~2 h,几乎把换棒法的优点都丧失殆尽。根据实践经验,调硼后稳定 30 min 且反应性稳定即可判定一回路硼浓度达到均匀。为此取消调硼后化学取样分析的步骤,从而节约了大量的时间,保留了换棒法的传统优势。

另一个是减少调硼的状态调整问题,充分发挥换棒法的优势。试验过程中经常有几组控制棒价值相差不太大,如按传统的换棒法来测量,几乎都要进行调硼操作,耗费大量的等待均匀化时间。如果几组待测棒组间的价值相差不超过 200 pcm,可以只调整 1 次硼浓度。调硼的时候做到过调硼,使该组的第一组待测棒组 X1 提出堆芯,其下末端保留约 -100 pcm;后续棒组相应的插入更深或全插,如图 11-6 所示。

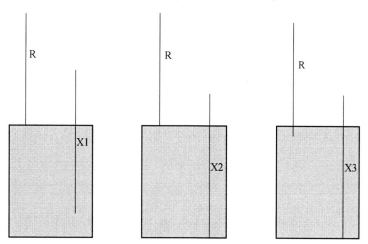

图 11-6 换棒法测量示意图,不调硼测量多组棒

还有一个是减少换棒操作问题。前面我们提到,减少调硼的状态调整,会有几组待测

棒组间的价值相差不超过 200 pcm,可以只调整 1 次硼浓度。标准的换棒流程:换棒前状态 0→换棒前末端反应性测量状态 1→换棒后状态 2。而对于这样的几组待测棒组,可以不按标准的换料流程,新的流程:X1 换棒前状态 0→X1 换棒前末端反应性测量状态 1→X1 与 X2 换棒,X2 换棒前状态 0→X2 换棒前末端反应性测量状态 1→…→换棒后状态 2。换棒后状态 2 测量只需 1 次即可,可以在前、在中间或在后测量,中间可以省略多次已知棒组与待测棒组的换棒,不但节约了时间,还减少了换棒的操作风险。

换棒法的优点是相对调硼法较快,可以少调硼,数据处理简单。缺点是由于控制棒干涉效应,换棒过程的棒价值是未知的,存在一定的反应性操作风险。

11.2.3 数据处理

根据换棒法的原理可以知道,换棒法的数据处理是非常简单的。

如某次换棒 N2 棒组在 38 步、R 棒组在 225 步维持临界。将 N2 棒组插入到堆底 5 步,得到是换棒前末端反应性 $\rho_1 = -48.6$ pcm。

将 N2 与 R 棒组进行换棒。换棒后 N2 棒组在 225 步,R 棒组在 64 步,此时反应堆的反应性 $\rho_2 = -0.5$ pcm。已知棒组 R 在 64 步引入的反应性 $\rho_{R2} = -907.8$ pcm。

则根据式(11-16)可以获得待测棒组 N2 引入的反应性:

$$\rho_{X1} = \rho_{R2} - (\rho_2 - \rho_1) = -907.8 - [-0.5 - (-48.6)] = -955.9 \text{ pcm}$$

11.3 落 棒 法

落棒法很少在商用压水堆中直接用于控制棒价值测量。不过由于反应堆难免出现紧急停堆的情况,这种情况下,可以用落棒法对所有的控制棒价值进行验证。

考虑到反应堆在某一平衡功率水平 P_0 下运行,然后突然引入负反应性 $\delta\rho$("落棒")而停堆。由前面对点堆中子动力学方程的研究可知,经过若干代的瞬发中子代时间后,堆功率水平迅速降到 P_1 值,后者取决于输入反应性的大小并停留在"准静态"水平,直至最后由于缓发中子先驱核衰变而衰减。

11.3.1 落棒法原理

简单推导如下。落棒前点堆中子动力学方程描述为

$$\frac{dn_0}{dt} = \frac{\rho_0 - \beta_{\text{eff}}}{\Lambda} n_0 + \sum_{i=1}^{6} \lambda_i c_i(t_0) + q \tag{11-17}$$

落棒后点堆中子动力学方程描述为

$$\frac{dn_1}{dt} = \frac{\rho_1 - \beta_{\text{eff}}}{\Lambda} n_1 + \sum_{i=1}^{6} \lambda_i c_i(t_1) + q \tag{11-18}$$

假设在此极短时间内缓发中子先驱核密度基本不变,落棒前反应堆处于临界状态,则

$$\frac{dn_1}{dt} = \frac{\rho_1 - \beta_{\text{eff}}}{\Lambda} n_1 - \frac{0 - \beta_{\text{eff}}}{\Lambda} n_0 \tag{11-19}$$

当功率水平快速变化到其渐近值时,假设$\frac{\mathrm{d}n_1}{\mathrm{d}t}\approx 0$,此时可由落棒前后的功率水平得到反应堆的反应性和控制棒的价值,公式如下:

$$\rho_1 = \left(1 - \frac{n_0}{n_1}\right)\beta_{\text{eff}} \tag{11-20}$$

11.3.2 落棒法优化1

落棒前后假设在此极短时间内缓发中子先驱核密度基本不变,则式(11-17)、式(11-18)变为

$$\frac{\mathrm{d}n_1}{\mathrm{d}t} - \frac{\mathrm{d}n_0}{\mathrm{d}t} = \frac{\rho_1 - \beta_{\text{eff}}}{\Lambda}n_1 - \frac{\rho_0 - \beta_{\text{eff}}}{\Lambda}n_0 \tag{11-21}$$

则得到更加通用的快速落棒的公式:

$$\rho_1 = \frac{n_0}{n_1}\rho_0 + \frac{n_1 - n_0}{n_1}\beta + \frac{x\Lambda}{n_1} \tag{11-22}$$

其中,$x = \frac{\mathrm{d}n_1}{\mathrm{d}t} - \frac{\mathrm{d}n_0}{\mathrm{d}t}$。

如果落棒前处于临界状态,即$\rho_0 = 0$,$\frac{\mathrm{d}n_0}{\mathrm{d}t} = 0$,则式(11-22)变为

$$\rho_1 = \frac{n_1 - n_0}{n_1}\beta_{\text{eff}} + \frac{\Lambda \times \frac{\mathrm{d}n_1}{\mathrm{d}t}}{n_1} = \left(1 - \frac{n_0}{n_1}\right)\beta_{\text{eff}} + \frac{\Lambda}{T_1} \tag{11-23}$$

式中,T_1为落棒后时刻的周期。

如果假设$\frac{\mathrm{d}n_1}{\mathrm{d}t}\approx 0$,则$\frac{\Lambda}{T_1}\approx 0$,最终反应性与传统方法给出的一致,即

$$\rho_1 = \left(1 - \frac{n_0}{n_1}\right)\beta_{\text{eff}} \tag{11-24}$$

11.3.3 落棒法优化2

假设在很短时间内,传统的落棒法基本上都不考虑缓发中子的贡献。而一般的反应堆落棒时间已经达到秒级,有两组的缓发中子先驱核的半衰期不到1 s,因此应尽量考虑缓发中子的影响,减小测量误差。

落棒前点堆中子动力学方程描述为

$$\frac{\mathrm{d}n_0}{\mathrm{d}t} = \frac{\rho_0 - \beta_{\text{eff}}}{\Lambda}n_0 + \sum_{i=1}^{6}\lambda_i c_i(t_0) + q \tag{11-25}$$

$$\frac{\mathrm{d}c_i(t_0)}{\mathrm{d}t} = \frac{\beta_{i\text{eff}}}{\Lambda}n_0 - \lambda_i c_i(t_0) \tag{11-26}$$

落棒后点堆中子动力学方程描述为

$$\frac{dn_1}{dt} = \frac{\rho_1 - \beta_{\text{eff}}}{\Lambda} n_1 + \sum_{i=1}^{6} \lambda_i c_i(t_1) + q \qquad (11-27)$$

$$\frac{dc_i(t_1)}{dt} = \frac{\beta_{i\text{eff}}}{\Lambda} n_1 - \lambda_i c_i(t_1) \qquad (11-28)$$

根据落棒前后的公式有

$$\frac{dn_1}{dt} - \frac{dn_0}{dt} = \frac{\rho_1 - \beta_{\text{eff}}}{\Lambda} n_1 - \frac{\rho_0 - \beta_{\text{eff}}}{\Lambda} n_0 + \sum_{i=1}^{6} \lambda_i c_i(t_1) - \sum_{i=1}^{6} \lambda_i c_i(t_0) \qquad (11-29)$$

$$\frac{dc_i(t_1)}{dt} - \frac{dc_i(t_0)}{dt} = \frac{\beta_{i\text{eff}}}{\Lambda}(n_1 - n_0) - \lambda_i [c_i(t_1) - c_i(t_0)] \qquad (11-30)$$

则根据式(11-29),有:

$$\rho_1 = \frac{n_0}{n_1}\rho_0 + \frac{n_1 - n_0}{n_1}\beta_{\text{eff}} + \frac{x\Lambda}{n_1} - \left[\sum_{i=1}^{6}\lambda_i c_i(t_1) - \sum_{i=1}^{6}\lambda_i c_i(t_0)\right] \times \frac{\Lambda}{n_1}$$

$$= \frac{n_0}{n_1}\rho_0 + \frac{n_1 - n_0}{n_1}\beta_{\text{eff}} + \left\{x - \sum_{i=1}^{6}\lambda_i [c_i(t_1) - c_i(t_0)]\right\} \times \frac{\Lambda}{n_1} \qquad (11-31)$$

其中 $x = \frac{dn_1}{dt} - \frac{dn_0}{dt}$。

如果落棒前处于临界状态,即 $\rho_0 = 0$,则

$$\frac{dn_0}{dt} = 0$$

$$\frac{dc_i(t_0)}{dt} = 0$$

则根据式(11-30),有

$$\frac{dc_i(t_1)}{dt} = \frac{\beta_{i\text{eff}}}{\Lambda}(n_1 - n_0) - \lambda_i [c_i(t_1) - c_i(t_0)] \qquad (11-32)$$

$\frac{dc_i(t_1)}{dt}$ 为未知量,是计算的难点。由于落棒过程时间较短,且 $\frac{dc_i(0)}{dt} = 0$,为此假设 c_i 的变化量等于此过程 $c_i(t)$ 的平均变化率与时间的乘积,即

$$\frac{1}{2} \times \frac{dc_i(t_1)}{dt} \times \Delta t = c_i(t_1) - c_i(t_0) \qquad (11-33)$$

式中,Δt 为落棒前后的时间间隔,$\Delta t = t_1 - t_0$。

则根据式(11-32)、式(11-33),有

$$c_i(t_1) - c_i(t_0) = \frac{\frac{\beta_{i\text{eff}}}{\Lambda}(n_1 - n_0)}{\frac{2}{\Delta t} + \lambda_i} \qquad (11-34)$$

将式(11-34)代入式(11-31),即得到控制棒落棒引入的反应性:

$$\rho_1 = \left(1 - \frac{n_0}{n_1}\right)\beta_{\text{eff}} + \frac{\Lambda}{T_1} - \left(1 - \frac{n_0}{n_1}\right) \sum_{i=1}^{6} \frac{\beta_{i\text{eff}}}{\frac{2}{\Delta t \lambda_i} + 1}$$

$$= \left(1 - \frac{n_0}{n_1}\right)\left(\beta_{\text{eff}} - \sum_{i=1}^{6} \frac{\beta_{i\text{eff}}}{\frac{2}{\Delta t \lambda_i} + 1}\right) + \frac{\Lambda}{T_1} \tag{11-35}$$

式(11-35)与传统的微分公式相比多了两项。多出的第一项是考虑了瞬发中子变化的影响,仅当瞬发中子变化结束,中子密度变化到渐近值,即周期 T_1 足够大时,该项才可以忽略。多出的第二项是考虑了缓发中子的影响,其贡献与 Δt 正相关,当 Δt 足够小时该项才可以忽略。

11.3.4 数据处理

针对落棒法的举例。缓发中子数据见表11-2。

表 11-2 缓发中子数据

群	1	2	3	4	5	6	总计
β_i	0.000 266	0.001 491	0.001 316	0.002 849	0.000 896	0.000 182	0.007
λ_i/s^{-1}	0.012 7	0.031 7	0.115	0.311	1.4	3.87	
瞬发中子寿命/s	0.000 02						

反应堆初始为临界状态,假设落棒时间极短,达到 10^{-4} s,落棒价值 1 000 pcm。落棒后用几种方法处理结果见表11-3。从表11-3中可以看出,在瞬时落棒后的第一时刻,3种方法都不能正确得到落棒价值,这是因为计算时还用到前一个值,而前一个值在此时棒还未完全下落;在 0.000 2 s 后,优化方法开始能给出正确结果,而传统落棒法在 0.01 s 后才能给出正确结果,这是因为瞬发中子需要足够的时间才能衰减到位;而在 1 s 时,传统落棒法、落棒法优化1都产生了很大的误差,而落棒法优化2的结果的误差相对小得多,这是因为一定时间以后缓发中子先驱核的影响已经不可忽略,传统落棒法、落棒法优化1不考虑此影响,导致误差较大。

表 11-3 瞬时落棒时,落棒法结果比较

t/s	反应性/pcm	n	传统落棒法测得反应性/pcm	落棒法优化1测得反应性/pcm	落棒法优化2测得反应性/pcm
0	0	1			
0.000 1	−1 000	0.980 278	−14.1	−416.5	−416.5
0.000 2	−1 000	0.933 57	−49.8	−1 050.4	−1 050.4
0.001	−1 000	0.674 572	−337.7	−1 035.2	−1 035.2
0.01	−1 000	0.411 086	−1 002.8	−1 003.8	−1 001.7
0.1	−1 000	0.402 119	−1 040.8	−1 041.2	−1 020.1
1	−1 000	0.344 75	−1 330.5	−1 330.7	−1 146.6

表 11-4 模拟一般商用压水堆落棒,落棒时间达秒级,为 1.85 s,其他条件与上个例子一致。落棒后用几种方法处理结果见表 11-4。从表 11-4 中可以看出,在控制棒落到底后,传统落棒法、落棒法优化 1 的误差就已经超过 30%,仅落棒法优化 2 的误差在可接受范围内,这是因为秒级的落棒时间缓发中子先驱核的影响已经不可忽略。

表 11-4 模拟落棒时,落棒法结果比较

t/s	反应性/pcm	n	传统落棒法测得反应性/pcm	落棒法优化 1 测得反应性/pcm	落棒法优化 2 测得反应性/pcm
0	0	1	0		
1.85	−1 000	0.337 541	−1 373.8	−1 374.1	−1 088.3
2	−1 000	0.331 106	−1 414.1	−1 414.4	−1 105.7

需要补充说明的是,落棒法也适用于正反应性快速引入(如弹棒)测量,但在落棒法推导过程中需要对缓发中子进行假设,因此从临界引入的正反应性不能超过 1 β。

11.4 动态刻棒法

动态刻棒法(dynamic rod measurement method,DRMM)是 20 世纪 90 年代初发展起来的一种控制棒价值测量技术,由于该方法能大幅度缩短控制棒价值测量时间,因此已被国内外核电厂广泛应用。

11.4.1 测量原理

当控制棒快速移动且反应性变化较大时,反应堆的空间效应无法忽略。而由于各方面的原因,现场只能用点堆方程来测量反应性。为解决空间效应的影响,动态刻棒引入了空间因子从而对测量的信号进行修正。

动态刻棒首先定义了静态空间因子(static spatial factor,SSF),SSF 为插棒时的静态探测器信号与 ARO 状态下的静态探测器信号之比,即

$$SSF(z) = \frac{稳态棒位为 z 时堆外探测器响应}{稳态 ARO 状态时堆外探测器响应} \quad (11-36)$$

根据 SSF 的定义,可以用三维稳态程序与堆外响应函数来计算控制棒随棒位的静态空间因子。在指定状态下,堆外响应函数是堆外探测器响应与堆内功率分布的关系,即

$$堆外探测器响应 = \frac{\Sigma_{xyz}(P_{xyz} \times \omega_{xyz} \times V_{xyz})}{\Sigma_{xyz}(V_{xyz})} \quad (11-37)$$

式中,P_{xyz} 为堆芯三维功率分布;V_{xyz} 为源项体积;ω_{xyz} 为堆外探测器权重因子,指堆内任意位置设置一个中子源,堆外探测器位置的中子注量率水平或探测器的计数。堆外探测器权重因子可以由输运程序和蒙特卡罗程序计算得到。

则根据以上定义得到

$$\text{SSF}(z) = \frac{\Sigma_{xyz}[P_{xyz}(r_i,z) \times \omega_{xyz}^d \times V_{xyz}]}{\Sigma_{xyz}[P_{xyz}(\text{ARO}) \times \omega_{xyz}^d \times V_{xyz}]} \tag{11-38}$$

式中，$P_{xyz}(r_i,z)$ 为棒组 r_i 在棒位 z 时的堆芯三维功率分布；$P_{xyz}(\text{ARO})$ 为所有控制棒全部提出堆芯的三维功率分布；ω_{xyz}^d 为堆外探测器 d 的权重因子。

通过 SSF 就可以对堆外探测器测量得到的信号进行静态空间修正，即

$$n(t)_{\text{ssf}} = \frac{n(t)}{\text{SSF}(z)} \tag{11-39}$$

式中，$n(t)$ 为堆外探测器测量得到的信号，一般指电流；$n(t)_{\text{ssf}}$ 为经过静态空间修正后的堆外探测器电流。

原来我们一般直接用堆外探测器的信号进行逆动态方法计算反应性，即

$$\rho = \frac{\Lambda}{n}\left(\frac{\mathrm{d}n}{\mathrm{d}t} + \sum_{i=1}^{6}\frac{\mathrm{d}c_i}{\mathrm{d}t} - q\right) \tag{11-40}$$

而有了空间因子修正后，现在我们改用经过静态空间修正后的探测器信号来计算反应性，从而获得了经过静态空间修正后的反应性，即

$$\rho_{\text{ssf}} = \frac{\Lambda}{n_{\text{ssf}}}\left(\frac{\mathrm{d}n_{\text{ssf}}}{\mathrm{d}t} + \sum_{i=1}^{6}\frac{\mathrm{d}c_i}{\mathrm{d}t} - q\right) \tag{11-41}$$

然而，静态空间因子仅仅反映了反应堆在稳态状态下其相对于 ARO 稳态状态下的空间效应。在连续插棒状态下，由于缓发中子的影响，堆芯功率分布并不与稳态下的功率分布相同。为此动态刻棒又定义了动态空间因子，对静态空间修正后计算出的反应性进行再次修正，动态空间因子(dynamic spatial factor,DSF)定义如下：

$$\text{DSF}(z) = \frac{\text{静态棒价值(棒位 } z)}{\text{动态棒价值(棒位 } z)} \tag{11-42}$$

式中，静态棒价值(棒位 z)为由三维稳态程序计算的棒位在 z 位置的棒价值；动态棒价值(棒位 z)为根据堆外探测器信号用点堆逆动态计算的棒位在 z 位置的棒价值。

根据 DSF 的定义，可以用三维中子动力学程序模拟动态刻棒过程，将计算出的功率分布结合堆外响应函数来计算得到堆外探测器信号随控制棒棒位的变化数据 $n_{3d}(z)$：

$$n_{3d}(z) = k \times Pr \times \varphi_n \times \frac{\Sigma_{xyz}(P_{xyz} \times \omega_{xyz} \times V_{xyz})}{\Sigma_{xyz}(V_{xyz})} \tag{11-43}$$

式中，Pr 为相对功率；φ_n 为额定功率下的反应堆平均中子注量率；k 为探测器灵敏度系数，此处可设置为 1；堆外探测器信号 $n_{3d}(z)$ 是控制棒棒位的函数，也是时间的函数。

然后用 SSF 修正 $n_{3d}(z)$ 这个响应，再用基于点堆的逆动态法对此探测器的数据计算反应性，最后用静态计算的棒价值与此反应性的比值就可以得到随棒位变化的动态空间因子。动态刻棒空间因子计算流程图如图 11-7 所示。有了 DSF，我们就可以对经过静态空间修正后的反应性再次进行动态空间修正，即

$$\rho_{\text{drwm}} = \rho_{\text{ssf}} \times \text{DSF}(z) \tag{11-44}$$

当棒位 z 到堆底时，就得到待测棒组的控制棒价值。

11.4.2 测量方法

动态刻棒的原理相对比较复杂一点，不过测量方法还是比较简单的。

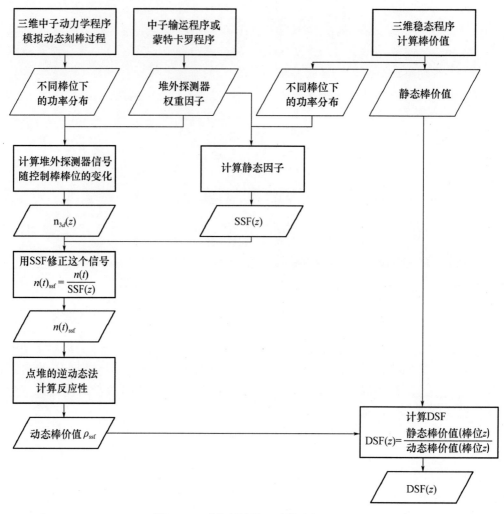

图 11-7 动态刻棒因子计算流程图

除了将 1 组控制棒插入堆芯 50~75 pcm 外,还要将反应堆其余的控制棒全部提出堆芯,并控制功率水平在零功率物理试验范围内。

根据多普勒发热点试验,确定多普勒发热点所对应的中间量程电流值。

将所有控制棒棒速修改为最大棒速(一般核电厂最大棒速为 72 步/min,初始棒速为 48 步/min),这个棒速与动态空间因子的计算时的棒速要相同。

将控制棒全部提出堆芯,使堆芯中子注量率水平升至多普勒发热点附近。

以最大控制棒插入速度连续地将价值最大一组控制棒下插到堆底,通过反应性仪记录堆外中子探测器电流。记录棒组开始下插的时间及插入到堆底的时间。

当待测棒组下插至堆底后,保持棒位不动。当棒位不动的时间达到 30 min 后,记录测试的反应性仪此时的电流,将其作为本底电流。

本底电流测量完成后,提升棒组到全提出状态。此时中子注量率水平正在升高,在此期间选择下一组待测棒组。当堆芯中子注量率水平升至多普勒发热点附近时,立即以最大控制棒插入速度连续将此待测棒组下插到堆底,通过反应性仪记录堆外中子探测器电流。记录棒组开始下插的时间及插入到堆底的时间。当待测棒组下插至堆底后,提升棒组到全提出状态。再选择另一组待测棒组重复此测量过程。

有几个需要注意的地方。第一,提升功率至多普勒发热点附近,功率不宜太高也不宜太低。功率太高可能引起触发中间量程低功率保护定值;功率太低,在进行控制棒价值比较大的动态刻棒测量时,电流降得比较低,电流波动对反应性测量影响更大。第二,控制棒插棒必须要连续,与动态刻棒假设保持一致。第三,如果在控制棒插到底保持较长时间引起源量程投用,则在提出控制棒时要分步提棒,直到可以闭锁源量程,闭锁源量程后可以将该棒组全部提出堆芯。

11.4.3 数据处理方法

动态刻棒的因子计算比较复杂,需要通过专业的软件才能计算出来。动态刻棒的数据处理相对比较简单,只要对逆动态计算做相应的修正即可(图11-8)。

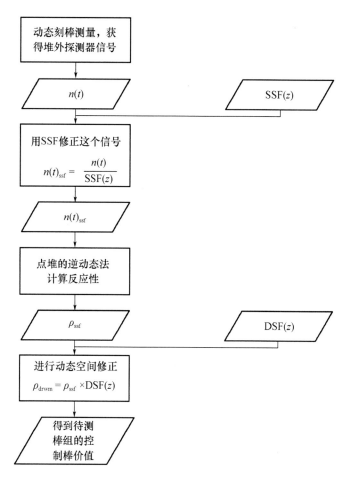

图 11-8 动态刻棒测量数据处理流程图

对动态刻棒期间堆外探测器测量得到的信号进行静态空间修正,即

$$n(t)_{ssf} = \frac{n(t)}{SSF(z)}$$

用经过静态空间修正后的探测器信号来计算反应性,从而获得经过静态空间修正后的反应性,即

$$\rho_{\mathrm{ssf}} = \frac{\Lambda}{n_{\mathrm{ssf}}}\left(\frac{\mathrm{d}n_{\mathrm{ssf}}}{\mathrm{d}t} + \sum_{i=1}^{6}\frac{\mathrm{d}c_i}{\mathrm{d}t} - q\right) \quad (11-45)$$

对经过静态空间修正后的反应性再次进行动态空间修正,即

$$\rho_{\mathrm{drwm}} = \rho_{\mathrm{ssf}} \times \mathrm{DSF}(z)$$

在棒位 z 到堆底时,就得到待测棒组的控制棒价值。

图 11-9 所示为典型的动态刻棒试验过程的电流、反应性随时间变化曲线。图 11-10 所示为 R 棒组经动态刻棒处理后的反应性随棒位的变化曲线。

对于动态刻棒方法,福清核电厂在电站建设之初就对核仪表系统的功率量程输出信号做了输出到主控室的变更,为动态刻棒做好了硬件基础。

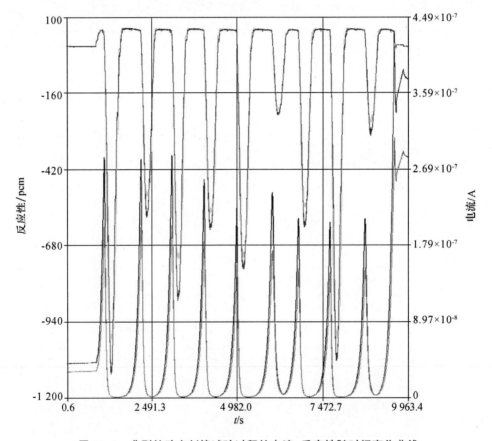

图 11-9 典型的动态刻棒试验过程的电流、反应性随时间变化曲线

在国内具备自主掌握该项技术后,福清核电厂同时应用功率量程上下部分信号、功率量程和信号以及中间量程电流信号用动态刻棒方法进行控制棒价值测量。多个循环的试验验证表明,功率量程上下部分信号、和信号用动态刻棒方法计算出的控制棒价值测量基本一致,满足验收准则。而用中间量程电流信号给出的结果则与设计值有较大的偏差,相对偏差接近验收准则或超出验收准则,这是因为中间量程探测器仅覆盖堆芯中部区域,而功率量程探测器覆盖了堆芯整个高度,因此动态刻棒采用的中间量程信号与功率量程信号

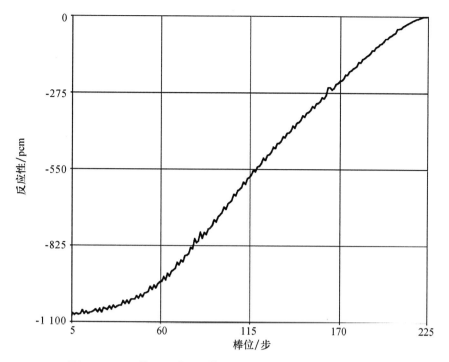

图 11-10　R 棒组经动态刻棒处理后的反应性随棒位的变化曲线

相比,空间修正因子相对大得多。理论计算的空间修正因子都是有误差的,而同样误差的情况下,采用中间量程信号的动态刻棒结果偏差更大。

11.5　次临界刻棒

本节对次临界刻棒的方法做简要的介绍。

在次临界状态下,将所有控制棒提出,待稳定后,根据次临界公式,有

$$n_1 = -\frac{q\Lambda}{\rho_1} \quad (11-46)$$

将待测棒组插入堆底,待稳定后,根据次临界公式,有

$$n_2 = -\frac{q\Lambda}{\rho_2} \quad (11-47)$$

则根据式(11-46)、式(11-47),可以得到待测棒组插入堆底的反应性

$$\rho_2 = \frac{n_1}{n_2}\rho_1 \quad (11-48)$$

实际上,式(11-48)中除了 n_1、n_2 是可以直接测量得到外,其他两个反应性都是未知的,仅有理论值。

目前使用的三维核设计软件,绝对的临界硼浓度或有效增殖因子还不能保证计算的准确性,但相对值计算的还是比较准确的,即可假设理论和实际的次临界到临界的反应性变化量相当:

$$\rho_3^{th} - \rho_1^{th} \approx \rho_3^m - \rho_1^m \tag{11-49}$$

式中,ρ_3^m 为所有控制棒提出的临界状态下,临界硼浓度为 c_{B3} 时的实际反应性,临界状态下的实际反应性 $\rho_3^m = 0$;ρ_3^{th} 为所有控制棒提出的状态下,硼浓度为 c_{B3} 时的理论计算反应性;在次临界状态下,所有控制棒提出,硼浓度为 c_{B1} 时,理论计算反应性 ρ_1^{th}、实际反应性 ρ_1^m。

利用这点可以对所有控制棒提出状态下的反应性理论值 ρ_1^{th} 用实测值进行校正。

$$\rho_1^m = \rho_1^{th} + (\rho_3^m - \rho_3^{th}) = \rho_1^{th} - \rho_3^{th} \tag{11-50}$$

则待测棒组插入堆底的反应性:

$$\rho_2 = \frac{n_1}{n_2}\rho_1^m = \frac{n_1}{n_2}(\rho_1^{th} - \rho_3^{th}) \tag{11-51}$$

根据点堆方程,n_1、n_2 是中子密度,而我们仅能通过堆外中子探测器获得信号,由于空间效应及中子源的影响,堆外探测器信号无法完全与中子密度成正比,这就需要空间修正。我们可以采用与动态刻棒类似的定义,定义静态空间因子(SSF),其为插棒时的静态探测器信号与 ARO 状态下的静态探测器信号之比,即

$$\mathrm{SSF}(z) = \frac{稳态棒位为 z、有中子源时堆外探测器响应}{稳态 \mathrm{ARO} 状态、无中子源时堆外探测器响应} \tag{11-52}$$

根据 SSF 的定义,可以用三维稳态程序与堆外响应函数来计算控制棒随棒位的静态空间因子。堆外响应函数是堆外探测器响应与堆内功率分布的关系,即

$$堆外探测器响应 = \frac{\Sigma_{xyz}(P_{xyz} \times \omega_{xyz} \times V_{xyz})}{\Sigma_{xyz}(V_{xyz})} \tag{11-53}$$

式中,P_{xyz} 为堆芯三维功率分布;V_{xyz} 为源项体积;ω_{xyz} 为堆外探测器权重因子,指堆内任意位置设置一个中子源,堆外探测器位置的中子注量率水平或探测器的计数。堆外探测器权重因子可以通过输运程序或蒙特卡罗程序计算得到。

根据以上定义得到 SSF:

$$\mathrm{SSF}(z) = \frac{\Sigma_{xyz}[P_{xyz}(r_i,z) \times \omega_{xyz}(d) \times V_{xyz}]}{\Sigma_{xyz}[P_{xyz}(\mathrm{ARO}) \times \omega_{xyz}(d) \times V_{xyz}]} \tag{11-54}$$

式中,$P_{xyz}(r_i,z)$ 为棒组 r_i 在棒位 z 时,有中子源的堆芯三维功率分布;$P_{xyz}(\mathrm{ARO})$ 为所有控制棒全部提出堆芯时,无中子源的三维功率分布;$\omega_{xyz}(d)$ 为堆外探测器 d 的权重因子。

通过 SSF 就可以对堆外探测器测量得到的信号进行静态空间修正,即

$$n(t)_{\mathrm{ssf}} = \frac{n(t)}{\mathrm{SSF}(z)} \tag{11-55}$$

式中,$n(t)$ 为堆外探测器测量得到的信号;$n(t)_{\mathrm{ssf}}$ 为经过静态空间修正后的堆外探测器信号。

将修正后的堆外探测器信号代入式(11-51),则待测棒组插入堆底的反应性:

$$\rho_2 = \frac{n_{\mathrm{ssf1}}}{n_{\mathrm{ssf2}}}(\rho_1^{th} - \rho_3^{th}) = \frac{\dfrac{n_1}{\mathrm{SSF}(\mathrm{ARO})}}{\dfrac{n_2}{\mathrm{SSF}(z)}}(\rho_1^{th} - \rho_3^{th})$$

$$= \frac{n_1}{n_2} \cdot \frac{\mathrm{SSF}(z)}{\mathrm{SSF}(\mathrm{ARO})}(\rho_1^{th} - \rho_3^{th}) \tag{11-56}$$

而根据 SSF 的定义,其比值定义为有源静态空间因子 SSSF(z):

$$\mathrm{SSSF}(z) = \frac{\mathrm{SSF}(z)}{\mathrm{SSF}(\mathrm{ARO})} = \frac{\Sigma_{xyz}[P_{xyz}(r_i,z) \times \omega_{xyz}(d) \times V_{xyz}]}{\Sigma_{xyz}[P_{xyz}(\mathrm{ARO},s) \times \omega_{xyz}(d) \times V_{xyz}]} \quad (11-57)$$

式中，$P_{xyz}(r_i,z)$ 为棒组 r_i 在棒位 z 时，有中子源的堆芯三维功率分布；$P_{xyz}(\mathrm{ARO},s)$ 为所有控制棒全部提出堆芯时，有中子源的三维功率分布。

最终待测棒组插入堆底的反应性：

$$\rho_2 = \frac{n_1}{n_2} \times \mathrm{SSSF}(z) \times (\rho_1^{\mathrm{th}} - \rho_3^{\mathrm{th}}) \quad (11-58)$$

则待测棒组的价值为：

$$\Delta\rho = \rho_2 - \rho_1^{m} = \left(\frac{n_1}{n_2} \times \mathrm{SSSF}(z) - 1\right)(\rho_1^{\mathrm{th}} - \rho_3^{\mathrm{th}}) \quad (11-59)$$

需要注意的是，控制棒价值不仅与功率分布密切相关，还与堆芯状态相关。在有源次临界状态下的控制棒价值与一般不考虑源的理论控制棒价值差异较大，此处的理论控制棒价值也需要在有源次临界状态下进行计算。因此次临界刻棒测量和理论棒价值计算所用的核设计软件是同一套软件，但这个软件可能与堆芯核设计不是同一套软件。这可能无法达到第 1 章反应堆物理试验的第三个目的，即反应堆物理试验需要验证核设计软件。

11.6 控制棒价值测量方法小结

控制棒测量方法比较多，本节仅对几种压水堆曾使用或正在使用的方法的优缺点进行汇总比较（表 11-5）。

表 11-5 不同控制棒价值测量方法比较

测量方法	优点	缺点
调硼法	测量结果可靠，不受空间效应影响 可进行控制棒微分价值测量	需要调硼，测量时间长 数据处理要细致，工作量大
换棒法	测量过程不需要调硼，不受空间效应影响 数据处理简单	测量不同棒组时可能需要调硼，总测量时间也偏长 数据处理依赖调硼法的测量结果
落棒法	测量时间短 数据处理简单 可对所有控制棒价值进行测量	空间效应影响大 模型本身的不足造成误差大（传统落棒法微分公式）
动态刻棒法	测量时间短	对空间因子依赖大，对空间因子计算软件要求高 数据处理一般需要软件来处理

表 11-5（续）

测量方法	优点	缺点
次临界刻棒法	可在临界前测量	对空间因子依赖大，对源强的计算要求高，对有源影响的空间因子计算软件要求高 次临界刻棒所测量的棒价值与临界状态下测量的不同；次临界刻棒所用的核设计软件可能与堆芯设计不是同一套软件。由于以上两个原因可能无法达到堆物理试验验证的目的

  调硼法仅需要缓发中子参数即可完成可靠的测量，换棒法仅需要已测量的控制棒价值即可完成可靠的测量，因此这两种方法在传统测量中被广泛应用；其最大的缺点是测量时间长。由于落棒法本身模型的不足及空间效应问题，在商用压水堆中几乎不使用此方法，不过其可对落棒停堆时所有控制棒价值进行估算。动态刻棒法通过使用空间因子修正，大幅缩短了控制棒价值的测量时间，成为目前使用最广泛的测量方法。次临界刻棒法的最大优点是可在临界前进行测量，但其对软件的要求更高，次临界下的棒价值与临界后的棒价值也不同，可能会使次临界刻棒所用的核设计软件与堆芯设计不是同一套软件，同时可能影响物理试验验证的目的。

第12章 硼微分价值测量

硼微分价值一般不需要通过专门的试验获得,它是根据调硼法控制棒价值测量试验及临界硼浓度测量试验的结果计算得到的。现在越来越多的核电厂采用非调硼方法(如动态刻棒法)测量控制棒价值,因此硼微分价值测量也相应地取消。

在热态零功率状态下通过调硼法测量控制棒价值,随着硼浓度的变化,控制棒也相应地移动从而保持反应堆处于临界状态。在此测量过程中,反应堆功率为0,可假设毒、燃耗不变,则式(3-32)变为

$$\Delta\rho = \Delta\rho_{cb} + \Delta\rho_{rcca} + \Delta\rho_{\Delta T} \tag{12-1}$$

则硼微分价值的计算表达式如下:

$$\alpha_b = \frac{(\rho_2 - \rho_1) - \sum_i \Delta\rho_i - \alpha_{ttc2}(T_{avg2} - T_{ref}) + \alpha_{ttc1}(T_{avg1} - T_{ref})}{c_B c_2 - c_B c_1} \tag{12-2}$$

一般调硼前后反应堆处于临界状态,即 $\rho_1 = \rho_2 = 0$,则式(12-2)变为

$$\alpha_b = -\frac{\sum_i \Delta\rho_i + \alpha_{ttc2}(T_{avg2} - T_{ref}) - \alpha_{ttc1}(T_{avg1} - T_{ref})}{c_B c_2 - c_B c_1} \tag{12-3}$$

式中,$c_B c_1$、$c_B c_2$ 为控制棒组分别处于1、2位置测得的临界硼浓度;$\sum_i \Delta\rho_i$ 为控制棒从1位置移动到2位置,由反应性仪测得的反应性积分;α_{ttc1}、α_{ttc2} 为对应于控制棒在1、2位置的总温度系数;T_{avg1}、T_{avg2} 为对应于控制棒在1、2位置的堆芯平均温度;T_{ref} 为堆芯在热态零功率状态下的参考温度。

如果温度控制在一定范围之内,一般忽略温度项的修正,则式(12-3)变为

$$\alpha_b = -\frac{\sum_i \Delta\rho_i}{c_B c_2 - c_B c_1} \tag{12-4}$$

由式(12-4)可知,硼微分价值的测量误差实际上与控制棒价值测量试验及临界硼浓度测量的误差息息相关。

第13章 慢化剂温度系数测量

反应堆设计上要求所有的反应性系数都不应该大于0,这样反应堆就具有了负反馈特性,才能保证其安全。然而慢化剂温度系数与硼浓度密切相关,在硼浓度高的时候慢化剂温度系数可能是正的,这就需要反应堆装料后在启动物理试验期间验证慢化剂温度系数是否为正,以便采取适当的运行措施维持慢化剂温度系数为非正值。由于慢化剂温度与燃料温度无法分开控制,因此也无法单独测量慢化剂温度系数,它是通过对总温度系数测量间接得到的。

13.1 试验原理

在热态零功率状态下进行慢化剂温度系数测量。在此测量过程中,反应堆功率为0,假设毒、燃耗不变,保持控制棒棒位、硼浓度不变,则式(3-32)变为

$$\Delta\rho = \Delta\rho_{\Delta T} = \rho_{\Delta T2} - \rho_{\Delta T1} = \alpha_{ttc}(T_{avg2} - T_{ref2}) - \alpha_{ttc}(T_{avg1} - T_{ref1}) \quad (13-1)$$

由于零功率状态下参考温度相同,因此式(13-1)变为

$$\Delta\rho = \alpha_{ttc}(T_{avg2} - T_{avg1}) \quad (13-2)$$

即堆芯的反应性变化是由于温度变化引起的,由此可以得到

$$\alpha_{ttc} = \frac{\Delta\rho}{T_{avg2} - T_{avg1}} \quad (13-3)$$

因此总温度系数的测量可以通过慢化剂温度变化引起的反应性变化量计算得到。则慢化剂温度系数:

$$\alpha_{mtc} = \alpha_{ttc} - \alpha_{dtc}$$

式中,α_{dtc}一般由理论计算给出。

将式(13-2)写成如下形式同样成立:

$$\rho(t) - \rho_0 = \alpha_{ttc}[T_{avg}(t) - T_{avg0}] \quad (13-4)$$

则

$$\rho(t) = \alpha_{ttc} \times T_{avg}(t) + \rho_0 - \alpha_{ttc} \times T_{avg0}$$

根据式(13-4)可知,反应性与温度成线性关系,斜率是总温度系数,即

$$\alpha_{ttc} = \frac{d\rho}{dT_{avg}} \quad (13-5)$$

13.2 端点法

在两个稳定的温度平台上分别测量得到两个反应性值,根据式(13-3)可以计算得到总

温度系数,这个方法称为端点法。由于在稳定的温度平台上,燃料温度与慢化剂温度相同,因此这个温度系数也可以称为等温温度系数。

在热态零功率物理试验范围内,如有必要,可以根据中子注量率水平和总温度系数的正负移动控制棒,调整中子注量率水平和反应性。将一回路温度调整到一个温度平台保持稳定,并保持一定时间。将一回路温度再调整到另一个温度平台保持稳定,并保持一定时间。

在温度平台选取一段时间内的平稳的一回路温度及对应的反应性,求平均值得 T_{avg1}、ρ_1。在另一温度平台再选取一段时间内的平稳的一回路温度及对应的反应性,求平均值得 T_{avg2}、ρ_2,根据式(13-3)可以计算得到等温温度系数。

13.3 斜 率 法

与端点法不同,在温度变化过程中测量反应性,根据式(13-5)对反应性随温度的变化求斜率就可以得到总温度系数,这个方法称为斜率法。简单地说,斜率法就是在温度变化过程中来获得总温度系数。虽然在第3章中通过传热学已经证明,在相同的功率水平下,燃料的温度变化量与冷却剂的温度变化量相同,但在温度连续变化情况下是否相同,直接关系着总温度系数等于慢化剂温度系数与多普勒温度系数的和是否成立。为此,这里对在温度连续变化情况下燃料与冷却剂温度的变化规律进行分析。

对于反应堆的一回路燃料、结构材料与冷却剂的传热,可以表示为

$$P_{\text{st}} = (T_{\text{st}} - T_{\text{avg}}) S_{\text{st}} h_{\text{st}} \quad (13-6)$$

式中,P_{st} 为反应堆一回路结构材料(包括燃料)传热功率。注意,反应堆功率为0时,反应堆传热功率可以不为0。T_{avg} 为反应堆冷却剂平均温度;T_{st} 为反应堆一回路结构材料(包括燃料)平均温度;S_{st} 为反应堆一回路结构材料(包括燃料)与冷却剂的传热面积;h_{st} 为反应堆一回路结构材料(包括燃料)与冷却剂的对流换热系数。

反应堆一回路传热将引起一回路结构材料(包括燃料)温度的变化,即

$$P_{\text{st}} \times (t - t_0) = (T_{\text{st}} - T_{\text{st0}}) c_{\text{st}} m_{\text{st}} \quad (13-7)$$

式中,c_{st} 为一回路结构材料(包括燃料)的比热;m_{st} 为一回路结构材料(包括燃料)的质量。

对于一回路系统的热量平衡,可以表示为

$$(P_{\text{p}} + P_{\text{SG}}) \times (t - t_0) = (T_{\text{avg}} - T_{\text{avg0}}) c_{\text{m}} m_{\text{m}} + (T_{\text{st}} - T_{\text{st0}}) c_{\text{st}} m_{\text{st}} \quad (13-8)$$

式中,P_{p} 为包括一回路主泵输入功率与一回路热损失的总一回路功率,一般可以认为是常数;P_{SG} 为由蒸汽发生器带走的一回路功率,稳态条件下可以认为是常数;c_{m} 为一回路冷却剂的比热;m_{m} 为一回路冷却剂的质量。

式(13-6)、式(13-7)、式(13-8)对时间取导:

$$\frac{dP_{\text{st}}}{dt} = \left(\frac{dT_{\text{st}}}{dt} - \frac{dT_{\text{avg}}}{dt}\right) Sh \quad (13-9)$$

$$P_{\text{st}} + (t - t_0) \frac{dP_{\text{st}}}{dt} = \frac{dT_{\text{st}}}{dt} c_{\text{st}} m_{\text{st}} \quad (13-10)$$

$$P_{\text{p}} + P_{\text{SG}} + (t - t_0) \frac{dP_{\text{SG}}}{dt} = \frac{dT_{\text{avg}}}{dt} c_{\text{m}} m_{\text{m}} + \frac{dT_{\text{st}}}{dt} c_{\text{st}} m_{\text{st}} \quad (13-11)$$

当反应堆一回路传热功率 P_{st} 稳定时,即 $\dfrac{dP_{st}}{dt}=0$,则

$$\frac{dT_{st}}{dt} = \frac{dT_{avg}}{dt} \tag{13-12}$$

$$P_{st} = \frac{dT_{st}}{dt} c_{st} m_{st} \tag{13-13}$$

且当由蒸汽发生器带走的一回路功率 P_{SG} 稳定时,代入式(13-11),则

$$\frac{dT_{avg}}{dt} = \frac{P_p + P_{SG}}{(c_m m_m + c_{st} m_{st})} \tag{13-14}$$

$$\frac{dT_{avg}}{dt} = \frac{P_p + P_{SG} - P_{st}}{c_m m_m} \tag{13-15}$$

即此时反应堆冷却剂平均温度随时间线性变化。

讨论1:当 $(P_p+P_{SG})=0$,即一回路产生的功率与蒸汽发生器带走的功率相同时,则由式(13-14)、式(13-12)可知,$\dfrac{dT_{st}}{dt}=\dfrac{dT_{avg}}{dt}=0$,由式(13-13)、式(13-6)可知,$P_{st}=0$,$T_{st}=T_{avg}$,即采用端点法,可以满足等温温度系数的定义中"燃料和慢化剂温度相同"的要求。同样,当 $(P_p+P_{SG})\neq 0$,$\dfrac{dT_{st}}{dt}=\dfrac{dT_{avg}}{dt}\neq 0$,$P_{st}\neq 0$,$T_{st}\neq T_{avg}$ 时,即采用斜率法,无法满足等温温度系数的定义中"燃料和慢化剂温度相同"的要求。

讨论2:当 $(P_p+P_{SG})\neq 0$ 且为常数时,由式(13-14)、式(13-12)可知,$\dfrac{dT_{st}}{dt}=\dfrac{dT_{avg}}{dt}\neq 0$ 且为常数,当 $P_{st}\neq 0$ 且为常数(反应堆功率可以为0)时,由式(13-6)可知,$T_{st}-T_{avg}\neq 0$ 且为常数,即一回路结构材料(包括燃料)温度与冷却剂温度差是个常数,或者单位时间内二者的温度变化量相同,即采用斜率法,满足总温度系数(TTC)的定义要求,当燃料平均温度变化和慢化剂平均温度变化相同时,总温度系数等于多普勒温度系数和慢化剂温度系数之和。当温度随时间成线性变化时,反应堆一回路传热功率 P_{st} 稳定,反应堆一回路结构材料(包括燃料)与冷却剂的温差是常数,相同时间燃料温度与慢化剂温度的变化是相等的,使用斜率法测量得到的是总温度系数。

讨论3:根据上述讨论,只有当温度随时间成线性变化时,才能满足总温度系数的假设。因此试验过程中温度控制的关键是温度变化速率要稳定。

讨论4:温度变化速率问题。温度成线性变化过程的建立需要时间,在慢化剂温度刚开始变化时,由于燃料本身的热容量,会使燃料的温度变化滞后,此时就难以使慢化剂的温度变化率与燃料的温度变化率相等。如果温度变化速率太快,则时间太短不足以有足够长的线性变化段,因此温度变化速率不能太快,且在慢化剂温度变化之初的测量的数据不适合用来计算总温度系数而要选温度随时间成线性变化的后段。另外,温度变化速率也不宜太慢,否则其他反应性引入量可能达到不可忽略的程度,虽然试验前系统已经达到均匀化条件并隔离相关设备。温度变化速率需要控制在一定范围内。

因此,进行总温度系数测量试验的关键是使慢化剂的温度变化率与燃料的温度变化率相等。而在实际试验操作过程中,关键是要控制慢化剂的温度变化均匀,并将其变化速率控制在一定范围内。

13.3.1 试验方法

在热态零功率物理试验状态下,一回路的热量主要由主泵提供。热量通过蒸汽发生器传热管传递到二回路,用来加热蒸汽发生器给水,从而产生大量蒸汽。通过调节蒸汽向大气的排放量,使得蒸汽带走的热量等于一回路产生的热量,从而使一、二回路达到热力平衡状态,反应堆冷却剂温度保持恒定。

在测量总温度系数时,通过调整蒸汽排放量,打破一、二回路的热平衡状态,改变反应堆慢化剂温度,且使慢化剂温度变化速率稳定。慢化剂温度变化速率建议控制在 4~10 ℃/h,变化幅度一般控制在 2 ℃。慢化剂温度的变化必然导致反应性的变化,这正是试验所希望得到的结果。

13.3.2 数据处理

早期的做法是将一回路平均温度信号与反应性信号接入 x-y 记录仪。试验完成后,在记录纸上绘制反应性随温度变化的斜率,即获得当前棒位、当前硼浓度、当前温度下的总温度系数。

当前的做法是对于一回路平均温度与反应性测量数据,首先绘制温度随时间变化的曲线,确定温度的线性变化段;然后将线性变化段时间内的数据,以温度作为 x 轴,反应性作为 y 轴,绘制反应性随时间的变化曲线;做拟合直线,获得斜率;则获得当前棒位、当前硼浓度、当前温度下的总温度系数。如图 13-1 所示,根据拟合直线的斜率,当前状态下的总温度系数为 −7.18 pcm/℃。如果温度与反应性是独立的两组数据,可以在相同的时间段内,分别计算温度随时间的变化率、反应性随时间的变化率,将反应性随时间的变化率除以温度随时间的变化率可得到反应性随温度的变化,即总温度系数。

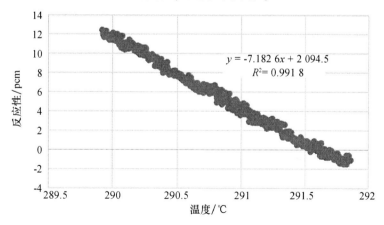

图 13-1 反应性随温度的变化曲线

13.4 测量结果修正

与临界硼浓度测量类似,温度系数测量一般也无法刚好在 ARO 或其他指定状态测量,而是需要将测量的结果修正到特定状态时的温度系数。特别是慢化剂温度系数一般在寿期初、ARO 时是最大的,可能大于 0,但需要核实。如果大于 0,还需要制定措施,确保其不大于 0。

堆芯硼浓度、控制棒的插入位置及堆芯慢化剂平均温度对等温温度系数(或慢化剂温度系数)影响很大,因此需要根据实际测量工况将上述堆芯等温温度系数(或慢化剂温度系数)测量值,按堆芯硼浓度的差异、控制棒的部分插入和堆芯慢化剂平均温度的差异进行修正,修正公式如下:

$$\alpha_{ttc}^{ref} = \alpha_{ttc}^{m} + \Delta\alpha_T(T_{ref} - T_m) + \Delta\alpha_{c_B}(c_{B\,ref} - c_{B\,m}) + \Delta\alpha_{rod}(R_{ref} - R_m) \quad (13-16)$$

或

$$\alpha_{ttc}^{ref} = \alpha_{ttc}^{m} - \Delta\alpha_T(T_m - T_{ref}) - \Delta\alpha_{c_B}(c_{B\,m} - c_{B\,ref}) - \Delta\alpha_{rod}(R_m - R_{ref}) \quad (13-17)$$

式中,α_{ttc}^{ref} 为经修正到参考状态的总温度系数值;α_{ttc}^{m} 为实际测量状态的总温度系数测量值;$\Delta\alpha_T$ 为慢化剂温度偏离引入的修正量;$\Delta\alpha_{c_B}$ 为堆芯硼浓度偏离引入的修正量;$\Delta\alpha_{rod}$ 为由于控制棒位置偏离引入的修正量;$c_{B\,ref}$、$c_{B\,m}$ 分别为参考状态和实际测量状态的堆芯硼浓度值;T_{ref}、T_m 分别为参考状态和实际测量状态的堆芯平均温度值;R_{ref}、R_m 分别为参考状态和实际测量状态的控制棒棒位。

多普勒温度系数因变化很小,一般不需要修正。

将修正后的总温度系数减去多普勒温度系数,即得到参考状态下的慢化剂温度系数。

13.5 试验方法优化

13.5.1 温度变化优化

传统的温度系数测量是在热态零功率参考温度的基础上升高 2 ℃ 或降低 2 ℃,如图 13-2 所示。对于每一段温度变化过程的温度系数测量值,其在温度系数修正时,平均有 1 ℃ 的修正量,这会额外引入修正误差。

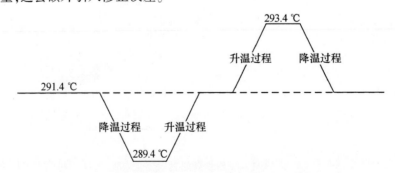

图 13-2 典型的慢化剂温度系数测量温度变化曲线示意图

为了减小因温度偏差带来的修正误差,将温度变化控制在参考温度±1 ℃ 附近,温度变化量仍然是 2 ℃,如图 13-3 所示。这样所选温度的平均值可以达到或接近参考温度,从而使测量出的温度系数温度修正量可以为 0 或接近 0,大幅度减小了因温度修正引起的误差。

图 13-3　改进的慢化剂温度系数测量温度变化曲线示意图

13.5.2　修正方法优化

试验时的堆芯状态与设计给出的标准状态存在一定的偏离,为了与设计状态下的理论值进行比较,需要对每个测量值用理论修正公式进行修正,在测量结果修正小节中已经提到了修正方法与公式。

传统的修正方法为两维修正方法,对影响总温度系数修正的温度、硼浓度、控制棒棒位3个参数的每个参数进行各自独立、简单的线性插值计算。对于温度、硼浓度来说可以在一定范围内进行线性插值,但温度系数与控制棒的插入量并不成线性关系,如图13-4所示。因此传统的修正方式过于简单,修正误差较大。

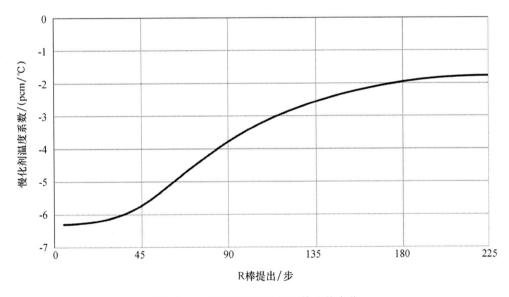

图 13-4　慢化剂温度系数随棒位的变化

另外,在零功率临界状态下,控制棒临界棒位与临界硼浓度是一一对应的关系,硼浓度的变化量是控制棒插入步的函数,反之也成立。

为此提出三维修正方法。对影响较小的堆芯温度参数,仍然采用线性插值。对影响较大的硼浓度和控制棒棒位,由于在 ARO 和控制棒插入时,对控制棒棒位的修正已包含相应临界棒位下临界硼浓度的修正,因此可以直接计算控制棒在不同临界棒位及临界硼浓度下的总温度系数计算值,即可包含控制棒位以及硼浓度的偏差修正。则式(13-16)简化如下:

$$\alpha_{ttc}^{ref} = \alpha_{ttc}^{m} + \Delta\alpha_T(T_{ref} - T_m) + \Delta\alpha_{rod}(CR_{ref} - CR_m) \qquad (13-18)$$

式中,$\Delta\alpha_{rod}$ 为由于控制棒临界棒位偏离引入的修正量,且含临界硼浓度变化引入的修正量;

CR_{ref}、CR_m 分别为参考状态和实际测量状态的控制棒临界棒位。

三维修正方法与传统的修正方法相比,优点在于:①修正方法简化,传统的修正方法需要对堆芯温度、控制棒棒位、硼浓度3项分开修正,而本方法仅对堆芯温度、控制棒棒位—硼浓度进行2项修正;②本方法采用三维计算模型,更加接近堆芯运行状态,能够计算出各堆芯状态参数三维非线性的修正量,插值引入的误差也比较小,大大减小了总温度系数测量中的修正误差。

现以福清U1C1零功率物理试验总温度系数测量值修正为例。使用传统方法修正ARO状态下的总温度系数测量值(表13-1)。

表13-1 使用传统三参数修正方法计算总温度系数的修正

参数	冷却降温1	加热升温1	冷却降温2	加热升温2
测量棒位下 TTC 测量值/(pcm/℃)	−2.259	−3.212	−2.311	−3.108
平均温度/℃	291.291	291.791	291.281	291.542
棒位/步	184	184	185	184
温度修正/(pcm/℃)	0.014	−0.051	0.016	−0.019
硼浓度修正/(pcm/℃)	−0.099	−0.099	−0.095	−0.099
棒位修正*/(pcm/℃)	−1.097	−1.097	−1.073	−1.097
ARO TTC 测量修正值/(pcm/℃)	−1.077	−1.965	−1.159	−1.893
ARO TTC 测量平均值/(pcm/℃)	−1.523			

*注:设计提供的棒位修正量与棒位基本呈线性关系。

对于这个例子,使用三维修正方法计算总温度系数测量值。总温度系数修正量随临界棒位的变化(含临界硼浓度变化)如图13-5所示。则三维两参数修正方法的修正见表13-2。从两个表的结果可以看出,两个总温度系数的修正结果相差近1 pcm/℃,这是一个相当大的差异,产生差异的主要原因是控制棒修正差异,即传统的棒位修正量简单地与棒位呈线性关系进行修正,引入较大的修正误差。虽然修正结果偏正是安全的,但给运行带来了不利的影响,迫使控制棒在较深的棒位运行,给运行带来了困难。

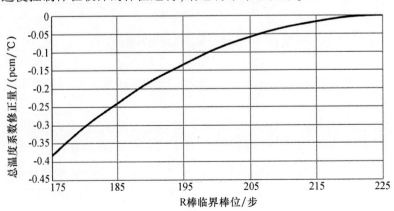

图13-5 三维计算总温度系数修正量随临界棒位的变化(含临界硼浓度变化)

表 13-2 使用三维两参数修正方法计算总温度系数的修正

参数	冷却降温 1	加热升温 1	冷却降温 2	加热升温 2
测量棒位下 TTC 测量值/(pcm/℃)	-2.259	-3.212	-2.311	-3.108
平均温度/℃	291.291	291.791	291.281	291.542
棒位/步	184	184	185	184
温度修正/(pcm/℃)	0.014	-0.051	0.016	-0.019
临界棒位(含硼浓度)修正/(pcm/℃)	-0.254	-0.254	-0.241	-0.254
ARO TTC 测量修正值/(pcm/℃)	-2.019	-2.907	-2.086	-2.835
ARO TTC 测量平均值/(pcm/℃)	-2.462			

而三维修正大幅度减小了额外引入的修正误差,使最终获得的慢化剂温度系数更准确。这样既提高了反应堆的安全水平,也避免了给运行带来严重的困扰。

13.5.3 慢化剂温度系数为正值时堆芯运行限值优化

由于非正值的慢化剂温度系数是压水堆自稳自调特性的基础,因此一般的压水堆运行技术规范不允许在正慢化剂温度系数状态下运行。

在温度系数测量试验中,通过测量和修正,得到寿期初、热态零功率、全提棒(BOL、HZP、ARO)临界状态下的慢化剂温度系数。一般情况下,该值是整个循环 MTC 最大的值,只要这个值为非正,整个循环就都可满足设计要求。但如果 MTC 为正,为了堆芯安全,最有效的方法是降低堆芯临界硼浓度或插入控制棒使 MTC 变负。为了降低堆芯临界硼浓度,需插入功率补偿棒,然而功率补偿棒长期插入,会给启动物理功率台阶试验以及堆芯后续平稳运行带来额外的问题。

堆芯临界硼浓度不仅与控制棒插入相关,还与堆芯功率台阶、堆芯燃耗以及堆芯燃耗产生氙、钐浓度相关。当堆芯临界硼浓度随着功率台阶、堆芯燃耗以及氙、钐浓度增加到可使 MTC 为负的情况下,就可以不插入功率补偿棒。然而在参考状态 MTC 测量值为正时,传统的方法是限制功率控制棒的提升上限。

以上小节的慢化剂温度系数测量结果为例,ARO 总温度系数为 -1.523 pcm/℃,慢化剂温度系数为 1.277 pcm/℃(>0),则功率控制棒的提升上限如图 13-6 所示。该限值要求在功率小于 18%FP 且燃耗小于 4 000 MWd/tU 时需要遵守该限值要求。

在零功率时,可以遵守图 13-6 中的控制棒提升上限运行。但在功率大于 15%FP 时,运行技术规范要求功率控制棒插入时间不超过 12 h,这与提升上限的要求是相矛盾的。如果慢化剂温度系数更正,控制棒提升上限将会更低,受影响的功率更高,可能使控制棒插到功率补偿棒的刻度曲线棒位以下,这与设计要求功率补偿棒要在其刻度曲线棒位以上是相矛盾的。

传统的方法之所以限制严格,最重要的原因是未考虑氙毒的影响。实际上在有功率之

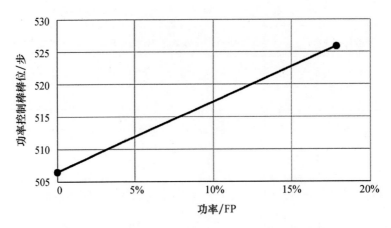

图 13-6 慢化剂温度系数为正时控制棒提升上限

后,由于氙毒的影响,临界硼浓度会下降,而硼浓度的下降又会使慢化剂温度系数向负的方向移动。为此提供了一种方法,在参考状态 MTC 测量值为正时,确定使 MTC 为负的最大硼浓度限值。只要保证堆芯临界硼浓度低于限值,就可确保 MTC 为负。该方法基本思路如下:根据硼浓度与慢化剂温度系数线性关系,可以得到其包络值,并总结出可以在工程上加以应用的硼浓度限值速算公式,从而可以得出零功率试验慢化剂温度系数为正时硼浓度最高限值。临界硼浓度限值公式如下:

$$c_B c_{限值} = c_B c_{\text{hzp-aro}} - \frac{\Delta MTC}{c_{\text{MB}}(BU,P,BC)} \tag{13-19}$$

式中,$c_B c_{限值}$ 是保证慢化剂温度系数为非正值时的临界硼浓度上限;$c_B c_{\text{hzp-aro}}$ 通常为 HZP、ARO 临界硼浓度;ΔMTC 是期望慢化剂温度系数的修正量,由于通常期望将慢化剂温度系数修正为 0,ΔMTC 等于实测的慢化剂温度系数;$c_{\text{MB}}(BU,P,BC)$ 称为慢硼系数,硼浓度单位变化(变化 1 ppm)所引起慢化剂温度系数的改变,单位为 pcm/(℃·ppm),即

$$c_{\text{MB}}(BU,P,BC) = \frac{\Delta MTC}{\Delta BC} \tag{13-20}$$

在给定堆芯状态(功率 P、燃耗 BU)的前提下,由式(13-20)可知,慢化剂温度系数与硼浓度的变化近似呈线性关系,因而慢硼系数为恒定值。通过功率、燃耗、硼浓度变化对慢化剂温度系数的影响,可以得到慢硼系数随功率、燃耗以及硼浓度变化的拟合公式,这里不再列出。为了方便,在全寿期,全部功率水平下,得到的最小慢硼系数的包络值为 0.021 pcm/(℃·ppm)。为此,当 ARO 慢化剂温度系数为 1.277 pcm/℃ 时的临界硼浓度限值为

$$c_B c_{限值} = 1\ 182 - \frac{1.277}{0.021} = 1\ 121.2\ \text{ppm} \tag{13-21}$$

即堆芯临界硼浓度不超过 1 121 ppm,就可保证慢化剂温度系数为负。图 13-7 给出了寿期初、全提棒临界硼浓度随时间的变化,从图中可以看出,当功率升到 7.5%FP 时,全提棒状态临界硼浓度已经降到 1 121 ppm 以下,随着氙毒的累积,临界硼浓度会进一步下降。或者说,当功率升到 7.5%FP 时,慢化剂温度系数满足运行技术规范要求,控制棒就可以全提,控制棒棒位要求就能满足运行技术规范的要求,从而减小对运行的困扰。

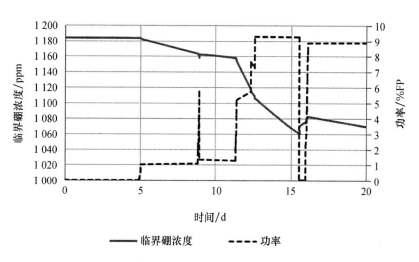

图 13-7 寿期初、全提棒临界硼浓度随时间的变化

第 14 章 寿期末慢化剂温度系数测量

寿期初进行慢化剂温度系数测量是防止慢化剂温度系数为正,从而影响安全。而慢化剂温度系数过负,则会影响反应堆的停堆裕量。寿期末停堆裕量最小,因此在寿期末对慢化剂温度系数进行测量与验证。

在有功率状态下,保持功率不变并进行慢化剂温度系数测量。在此测量过程中,反应堆功率不变,可假设毒、功率亏损的变化为0,参考温度不变,则式(3-32)变为

$$\Delta\rho_{cb} + \Delta\rho_{rcca} + \Delta\rho_{bu} + \alpha_{ttc}(T_{avg2} - T_{avg1}) = 0 \tag{14-1}$$

根据式(14-1),对不同参数进行调整就可以得到不同的测量方法。

14.1 调 硼 法

调硼法测量慢化剂温度系数试验是在有功率状态下,保持功率不变,控制棒保持不动,反应堆因调硼引起的反应性变化通过慢化剂温度变化的负反馈来补偿。调硼等待系统稳定后,由于整个试验用时较短,可以假设这段时间内燃耗引起的反应性不变。则式(14-1)变为

$$\Delta\rho_{cb} + \alpha_{ttc}(T_{avg2} - T_{avg1}) = 0 \tag{14-2}$$

则慢化剂温度系数:

$$\alpha_{ttc} = -\alpha_b \frac{c_{B}c_2 - c_{B}c_1}{T_{avg2} - T_{avg1}} \tag{14-3}$$

调硼法测量有几个需要注意的事项。硼化量应足够大,慢化剂温度变化也应足够大,从而减小总温度系数的测量误差,但慢化剂温度降低不应引起过冷报警,应小于 3 ℃。要求准确测量硼浓度,避免其不确定性造成误差太大,也可以用硼化量公式计算来验证硼浓度的变化量。由于^{10}B的燃耗,会对硼微分价值或临界硼浓度产生影响,考虑此因素可降低误差。对^{10}B丰度进行测量或根据功率运行史对其进行计算,由此可对硼微分价值或硼浓度的其中一项进行修正。

14.2 控制棒转换法

控制棒转换法测量慢化剂温度系数试验是在有功率状态下,保持功率不变,插入控制棒引起的反应性变化通过慢化剂温度变化的负反馈来补偿。插棒等待系统稳定后,由于整个试验用时较短,可以假设这段时间内燃耗引起的反应性不变。则式(14-1)变为

$$\Delta\rho_{rcca} + \alpha_{ttc}(T_{avg2} - T_{avg1}) = 0 \tag{14-4}$$

则总温度系数:

$$\alpha_{ttc} = -\frac{\Delta\rho_{rcca}}{T_{avg2} - T_{avg1}} \quad (14-5)$$

与调硼法类似,为减小总温度系数的测量误差,慢化剂温度降低量应足够大,但不应引起过冷报警。本方法的关键是如何获得控制棒插入引起的反应性变化量。

14.2.1 快插/快抽法

快插/快抽法是控制棒转换法的一种,可以在有功率状态下测量控制棒价值。控制棒转换法控制棒插入引起的反应性变化量是通过反应性仪测量出来的。

在堆芯处于稳态状态时,将控制棒组快速插入堆芯,然后以同样的速度快速抽出堆芯,如果时间足够短,可假设没有受到慢化剂温度反馈的影响。在控制棒组插入和抽出期间,用堆外核仪表系统测量功率的变化。在短时间内,保持硼浓度不变,可假设毒、燃耗不变,由于功率几乎不变,空泡效应可忽略,则根据式(3-9),t 时刻与初始时刻的反应性平衡方程为

$$\rho(t) - \rho_0 = [\rho_{rcca}(t) - \rho_{rcca0}] + [\rho_{dop}(t) - \rho_{dop0}] \quad (14-6)$$

在一定的棒位附近,可假设控制棒微分价值为常数,则式(14-6)变为:

$$\rho(t) - \rho_0 = \alpha_{drw} \times [H(t) - H_0] + \alpha_{dpc} \times [P_r(t) - P_{r0}] \quad (14-7)$$

式中,ρ_0、$\rho(t)$ 分别为控制棒插入初始时刻、t 时刻的堆芯反应性;H_0、$H(t)$ 分别为控制棒插入初始时刻、t 时刻的棒位;P_{r0}、$P_r(t)$ 分别为控制棒插入初始时刻、t 时刻的功率;α_{drw} 为控制棒微分价值;α_{dpc} 为多普勒功率系数,单位为 pcm/%FP。

根据式(14-7),只需要 2 个测点就可以算出控制棒微分价值与多普勒功率系数。知道控制棒微分价值后,在保持功率不变的情况下继续下插控制棒并再获得一个慢化剂温度,则根据式(14-5)就可以得到总温度系数。然而,由于测量过程引起了功率波动,考虑功率及氙毒变化的影响,根据式(3-9),两个时刻的反应性平衡方程为

$$0 = \Delta\rho_{Xe} + \Delta\rho_{rcca} + \Delta\rho_{dop} + \Delta\rho_{mod} \quad (14-8)$$

则总温度系数:

$$\alpha_{ttc} = -\frac{\alpha_{drw} \times \Delta H + \alpha_{pdc} \times \Delta P_r + \Delta\rho_{Xe}}{\Delta T_{avg}} \quad (14-9)$$

式中,ΔH 为控制棒位置的变化量;ΔP_r 为功率变化量,注意这是两个时刻热平衡测量功率的差;$\Delta\rho_{Xe}$ 为氙毒的变化量;ΔT_{avg} 为慢化剂平均温度变化量。

1. 试验方法

在堆芯处于稳态状态时,用大约 6 s 的时间将控制棒组插入堆芯,然后以同样的时间将控制棒组抽出堆芯。整套动作需要的总时间小于 15 s,这样就消除了数据测量时存在的慢化剂反馈的影响。在控制棒组插入和抽出期间,用堆外核仪表系统观测功率的变化。反应性仪记录控制棒的位置和堆外核仪表系统所指示的堆芯功率,计算并记录堆芯反应性,生成这些数据所采用的时间间隔应不大于 1 s,这种在有功率下确定被测控制棒价值的方法称为快插/快抽法。

在利用快插/快抽法进行测量期间,因燃料功率是变化的,所以要对测量数据进行修正。此方法中,利用已测量的堆芯功率,通过精确求解传热模型,得出燃料功率。然后对燃

料功率、控制棒位置和反应性三者的变化用最小二乘法进行拟合,得出燃料功率修正后的微分控制棒价值和多普勒功率系数。

对每一状态点,在慢化剂温度改变之前反复快插/快抽以获得至少 3 个控制棒价值数据。记录稳态条件下的反应堆功率、控制棒位置、温度和氙价值。然后改变慢化剂温度,同时通过移动调节棒组使反应堆功率近似保持不变。温度不再变化时,再一次记录所达到的稳态条件,然后进行至少 3 次快插/快抽测量。应进行加热和冷却以便获得两组温度系数的测量值并计算平均值。

这种方法的最大优点是温度系数是通过测量得到的。

14.2.2　通过计算控制棒价值的控制棒转换法

与上小节确定控制棒价值的方法不同,这里的控制棒插入价值不是通过测量得到的,而是直接使用理论计算的控制棒价值来计算温度系数。虽然快插/快抽法的优点是通过测量的方法将控制棒微分价值测量出来,但其缺点是要近似假设控制棒微分价值不变。本方法的缺点是需要使用理论计算价值,而理论计算也是有误差的。不过,当前核设计计算基本上都采用三维核设计软件,比以前的一维核设计软件的控制棒价值精度好得多。

由于控制棒价值直接使用理论值,因此试验方法比较简单。首先在功率稳定且氙平衡的状态下,记录或测量反应堆功率、控制棒位置、慢化剂温度。然后通过移动调节棒组改变慢化剂温度,并使反应堆功率保持不变。温度不再变化时,再一次记录或测量反应堆功率、控制棒位置、慢化剂温度。

最后用式(14-5)计算总温度系数,式中的 $\Delta\rho_{rcca}$ 用理论计算值给出即可。

14.3　功率转换法

功率转换法是通过把因慢化剂平均温度变化导致的反应性变化与功率变化导致的反应性变化进行转换来完成。试验期间,控制棒位置和溶解硼浓度保持不变。则根据式(3-32),反应性平衡方程表示如下:

$$\Delta\rho_{Xe} + \Delta\rho_{pr} + \Delta\rho_{\Delta T} = 0 \qquad (14-10)$$

则总温度系数:

$$\alpha_{ttc} = -\frac{\alpha_{pc} \times \Delta P_r + \Delta\rho_{Xe}}{\Delta T_{avg} - \Delta T_{ref}} \qquad (14-11)$$

式中,α_{pc} 为功率系数;ΔP_r 为功率变化量,这是两个时刻热平衡测量的差;$\Delta\rho_{Xe}$ 为氙毒的变化量;ΔT_{avg} 为慢化剂平均温度变化量;ΔT_{ref} 为参考温度变化量。

通过提高汽轮机负荷,降低入口温度,在相当短的时间内使慢化剂温度发生变化。温度快速变化比达到预定的温度更重要。记录入口温度、出口温度和功率水平。然后通过降低汽轮机负荷,提高入口温度,入口温度的增加量为前面降低量的两倍。当达到新的稳态时,记录温度和功率。反复重复上述过程数次,试验结束时返回到初始状态。试验期间应避免控制棒移动或一回路硼浓度变化。

由于该方法需要通过功率变化来测量,且依赖理论计算的功率系数值,因此较少采用。

14.4 燃 耗 法

燃耗法测量慢化剂温度系数试验是在有功率状态下,保持功率不变,控制棒保持不动,反应堆因燃耗引起的反应性下降不通过硼稀释来补偿,而是通过负反馈来补偿。由于试验过程中功率不变,因此氙毒不变,钐毒不变、功率亏损不变,$\rho(t)=\rho(0)=0$、参考温度不变;硼浓度不变;控制棒棒位不变。式(3-28)对时间取微分,则可以得到

$$\frac{\mathrm{d}\rho_{\mathrm{bu}}}{\mathrm{d}t}+\frac{\mathrm{d}\rho_{\Delta T}}{\mathrm{d}t}=\frac{\mathrm{d}\rho_{\mathrm{bu}}}{\mathrm{d}t}+\alpha_{\mathrm{ttc}}\frac{\mathrm{d}T_{\mathrm{avg}}}{\mathrm{d}t}=0 \qquad (14-12)$$

反应堆在稳态功率运行状态下,保持功率不变,假设控制棒保持不动,反应堆因燃耗引起的反应性下降通过硼稀释来补偿。由于功率不变,因此氙毒不变,钐毒不变、功率亏损不变,$\rho(t)=\rho(0)=0$、参考温度不变;控制棒棒位不变。式(3-28)对时间取微分,则可以得到

$$\frac{\mathrm{d}\rho_{\mathrm{cb}}}{\mathrm{d}t}+\frac{\mathrm{d}\rho_{\mathrm{bu}}}{\mathrm{d}t}+\frac{\mathrm{d}\rho_{\Delta T}}{\mathrm{d}t}=\frac{\mathrm{d}\rho_{\mathrm{cb}}}{\mathrm{d}t}+\frac{\mathrm{d}\rho_{\mathrm{bu}}}{\mathrm{d}t}+\alpha_{\mathrm{ttc}}\frac{\mathrm{d}T_{\mathrm{avg}}}{\mathrm{d}t}=0 \qquad (14-13)$$

反应堆在保持功率不变的正常运行状态下,慢化剂平均温度围绕参考值波动,较长时间上内可以认为慢化剂平均温度不变,即$\frac{\mathrm{d}T_{\mathrm{avg}}}{\mathrm{d}t}=0$,因此式(14-13)可以变成

$$\frac{\mathrm{d}\rho_{\mathrm{cb}}}{\mathrm{d}t}+\frac{\mathrm{d}\rho_{\mathrm{bu}}}{\mathrm{d}t}=0 \qquad (14-14)$$

式(14-14)表明,反应堆稳态运行时,其燃耗引起的反应性下降是通过硼浓度变化来补偿的。

将式(14-12)减去式(14-14),并变换,有

$$\alpha_{\mathrm{ttc}}=\frac{\dfrac{\mathrm{d}\rho_{\mathrm{cb}}}{\mathrm{d}t}}{\dfrac{\mathrm{d}T_{\mathrm{avg}}}{\mathrm{d}t}}=\alpha_{\mathrm{b}}\frac{\dfrac{\mathrm{d}c_{\mathrm{B}}}{\mathrm{d}t}}{\dfrac{\mathrm{d}T_{\mathrm{avg}}}{\mathrm{d}t}} \qquad (14-15)$$

即总温度系数等于正常运行期间的硼降速率与试验期间的慢化剂平均温度下降速率的比再乘以硼微分价值。

由于燃耗反应性变化比较慢,因此需要足够的试验时间。同时,功率与时间的乘积等于燃耗。因此式(14-15)又可以变换为

$$\alpha_{\mathrm{ttc}}=\alpha_{\mathrm{b}}\frac{\dfrac{\mathrm{d}c_{\mathrm{B}}}{P_{\mathrm{r}}\times\mathrm{d}t}}{\dfrac{\mathrm{d}T_{\mathrm{avg}}}{P_{\mathrm{r}}\times\mathrm{d}t}}=\alpha_{\mathrm{b}}\frac{\dfrac{\mathrm{d}c_{\mathrm{B}}}{\mathrm{d}E}}{\dfrac{\mathrm{d}T_{\mathrm{avg}}}{\mathrm{d}E}} \qquad (14-16)$$

式中,E为燃耗;P_{r}为反应堆的相对功率。

因此,总温度系数也可以等于硼降随燃耗的变化速率$\dfrac{\mathrm{d}c_{\mathrm{B}}}{\mathrm{d}E}$与试验期间的慢化剂平均温度下降速率的比再乘以硼微分价值和试验时的相对功率。由于受一回路可溶硼中^{10}B燃耗的影响,正常运行期间的硼降速率并不能真实的被反映出来;另外在有可燃毒物的反应堆中,

硼降随时间不是线性变化的。因此采用理论硼降随燃耗的变化速率$\dfrac{dc_B}{dE}$可能是一种更好的选择。

14.4.1 试验方法

反应堆处于氙平衡状态。稳压器投入全部电加热器,将主调节棒组的操作方式设为"手动"方式。进行一次热平衡测量,获取一个试验前的参考热功率。保持反应堆在一天内稳定运行。在此过程中,停止任何引起反应性变化的任何操作,如稀释、硼化、控制棒移动等。

燃耗法的优点是试验方法和数据处理简单,主要缺点是试验时间比较长。

14.4.2 数据处理

图 14-1 所示为 5 号机组利用燃耗法时一回路平均温度随燃耗的变化曲线。对该温度随燃耗进行拟合,得到一回路平均温度下降速率为 $-0.3188\ \text{℃/EFPD}$。理论硼降速率为 $-2.181\ \text{ppm/EFPD}$,理论硼微分价值为 $-8.0\ \text{pcm/ppm}$,多普勒温度系数为 $-2.957\ \text{pcm/℃}$,则根据式(14-16),总温度系数为

$$\alpha_{ttc}=-8.0\times\dfrac{-2.181}{-0.3188}=-54.7\ \text{pcm/℃}$$

寿期末慢化剂温度系数为

$$\alpha_{mtc}=-54.7-(-2.957)=-51.8\ \text{pcm/℃}$$

图 14-1 中一回路平均温度随燃耗的变化线性度不好,这是由于轴向功率偏差波动引起的,试验前应尽量避免其波动,以减小一回路平均温度下降速率的测量误差。

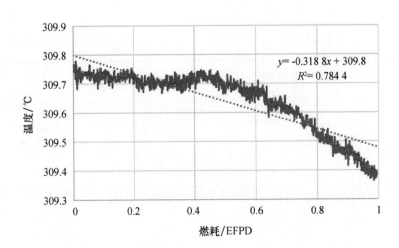

图 14-1 利用燃耗法时一回路平均温度随燃耗的变化曲线

14.5 优化之氙补偿法

氙补偿法测量慢化剂温度系数试验是在有功率状态下,保持功率不变,控制棒保持不动,硼浓度不变,反应堆因氙不平衡引起的反应性变化是通过慢化剂温度变化来补偿的。在较短时间内,钐毒、燃耗的变化可忽略。则根据式(3-28)对时间取微分,可以得到

$$\frac{\mathrm{d}\rho_{\mathrm{Xe}}}{\mathrm{d}t} + \frac{\mathrm{d}\rho_{\Delta T}}{\mathrm{d}t} = \frac{\mathrm{d}\rho_{\mathrm{Xe}}}{\mathrm{d}t} + \alpha_{\mathrm{ttc}}\frac{\mathrm{d}T_{\mathrm{avg}}}{\mathrm{d}t} = 0 \qquad (14-16)$$

式(14-16)说明,慢化剂的温度变化是由于氙毒变化引起的。由式(14-16)可以得到

$$\alpha_{\mathrm{ttc}} = -\frac{\dfrac{\mathrm{d}\rho_{\mathrm{Xe}}}{\mathrm{d}t}}{\dfrac{\mathrm{d}T_{\mathrm{avg}}}{\mathrm{d}t}} \qquad (14-17)$$

即总温度系数等于氙毒的变化率与慢化剂平均温度的变化率之比的负值。将式(14-17)进一步简化,则

$$\alpha_{\mathrm{ttc}} = -\frac{1}{\dfrac{\mathrm{d}T_{\mathrm{avg}}}{\mathrm{d}\rho_{\mathrm{Xe}}}} \qquad (14-18)$$

由式(14-18)又可以得到,总温度系数等于慢化剂平均温度随氙毒变化的斜率的倒数的负值。

氙补偿法试验方法也比较简单,只需制造一个氙不平衡状态即可,如升、降功率,然后保持功率不变,控制棒保持不动,硼浓度不变,在此期间采集反应堆的功率和慢化剂温度数据。

在数据处理中首先应根据功率史计算氙毒变化,然后根据式(14-17)或式(14-18)进行计算即可。

图(14-2)是慢化剂平均温度随氙毒的变化曲线,图中曲线的斜率为 0.033 2 ℃/pcm,则根据式(14-18)计算可以获得总温度系数为-30.1 pcm/℃。

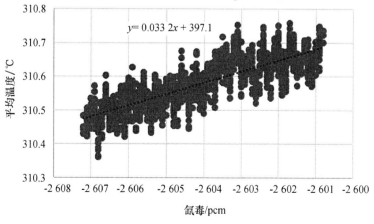

图 14-2 慢化剂平均温度随氙毒的变化曲线

14.6 寿期末慢化剂温度系数测量方法小结

有功率下的反应性系数测量较困难,寿期末慢化剂温度系数测量也是如此,相关研究比较多,给出的测量方法也比较多。通过调硼法、计算控制棒价值的控制棒转换法、功率转换法、燃耗法测量时,实际上只能直接得到反应性系数比,要想得到慢化剂温度系数,还需要依赖其他反应性系数的理论值。快抽/快插法、氙补偿法、噪声法可以不依赖理论值给出测量值。但是快抽/快插法对试验和数据处理要求比较高。噪声法对信号精度、采样频率要求比较高。综合评价,氙补偿法是比较好的测量方法,其测量误差小,且能给出测量值。本节对几种测量方法的优缺点进行汇总比较,具体见表14-1。

表 14-1 不同寿期末慢化剂温度系数测量方法比较

测量方法	优点	缺点
调硼法	不需要改变功率	依赖硼微分价值的理论值 误差受硼浓度的测量误差影响大 受一回路可溶硼中 ^{10}B 燃耗的影响
控制棒转换法之快抽/快插法	不依赖理论值,给出测量值	对试验操作要求高 求解比较麻烦
通过计算控制棒价值的控制棒转换法	不需要改变功率	依赖控制棒微分价值的理论值
功率转换法		需要改变功率 依赖功率系数的理论值
燃耗法	不需要改变功率	测量时间太长 依赖硼微分价值的理论值 受一回路可溶硼中 ^{10}B 燃耗的影响 AO 变化会影响慢化剂平均温度的下降速率,试验前完全避免 AO 振荡比较困难
氙补偿法	不依赖理论值,给出测量值;仅需要功率史进行氙毒计算 测量误差小	需要改变功率
噪声法	不需要改变功率 对测量条件要求低 不依赖理论值,给出测量值	对信号精度、采样频率要求高

第 15 章 功率系数测量

在反应堆功率运行期间,随着堆芯功率的变化,一回路硼浓度、控制棒棒位也要随之改变才能维持反应堆临界。在反应堆功率运行期间,要求功率系数为负值。在反应堆功率变化期间,要求根据功率系数准确计算功率亏损变化量。因此,对功率系数的测量是验证堆芯核设计的一种重要手段。

15.1 试验原理

反应堆从一个功率平台变化到另一个功率平台,试验期间仅用控制棒来控制反应性,在此过程中用反应性仪测量控制棒移动的反应性变化量。在此期间硼浓度不变;由于时间较短,可以假设钐毒、燃耗不变,但需要对氙毒变化、温度偏差进行修正。则根据式(3-32),反应性平衡方程如下:

$$\Delta\rho = \Delta\rho_{Xe} + \Delta\rho_{rcca} + \Delta\rho_{pr} + \Delta\rho_{\Delta T} \qquad (15-1)$$

则根据式(15-1),两个功率平台之间的功率亏损变化量:

$$\Delta\rho_{pr} = \Delta\rho - (\Delta\rho_{Xe} + \Delta\rho_{\Delta T} + \Delta\rho_{rcca}) \qquad (15-2)$$

在零功率物理试验范围内提棒,引入一定量的正反应性,保持棒位不变,直到功率稳定,过程中用反应性仪测量反应性。在此期间硼浓度、控制棒不变。则式(15-2)又可简化如下:

$$\Delta\rho_{pr} = \Delta\rho - (\Delta\rho_{Xe} + \Delta\rho_{\Delta T}) \qquad (15-3)$$

如果在零功率物理试验范围内提棒,功率趋近稳定在 1%FP 水平,且时间短于 30 min,氙毒变化可忽略,则式(15-3)可变为

$$\Delta\rho_{pr} = \Delta\rho - \Delta\rho_{\Delta T} \qquad (15-4)$$

如果一回路平均温度与参考温度偏差的偏差可忽略,即 $\Delta\rho_{\Delta T} \approx 0$,则

$$\Delta\rho_{pr} = \Delta\rho \qquad (15-5)$$

即两个状态的功率亏损等于对应状态的反应性变化量。如果终了状态功率达到稳定,反应性 $\rho_2 = 0$,则

$$\Delta\rho_{pr} = \Delta\rho = \rho_2 - \rho_1 = -\rho_1 \qquad (15-6)$$

功率 P_{r1} 在零功率物理试验范围内,即 $P_{r1} \approx 0$。则功率变化量:

$$\Delta P_r = P_{r2} - P_{r1} \approx P_{r2} \qquad (15-7)$$

则根据式(15-6)、式(15-7)及功率系数的定义:

$$\alpha_{pc} \approx -\frac{\rho_1}{P_{r2}} \qquad (15-8)$$

即零功率状态下测量的功率系数约等于负的初始反应性与终了稳定功率的比值。当然,式(15-8)是简化公式,误差会大一些。如果想要误差小一点,可用式(3-37)计算,一般

功率亏损变化量用式(15-3)或式(15-4)进行计算。

15.2 方　法　一

传统的方法一般是从一个功率平台(如100%FP)降功率到另一个功率平台(如75%FP),试验期间仅用控制棒来控制反应性,在此过程中用反应性仪测量控制棒移动的反应性变化量,如图15-1所示。在此期间硼浓度不变;由于时间较短,可以假设钐毒、燃耗不变,但需要对氙毒变化、温度偏差进行修正,从而得到功率系数。

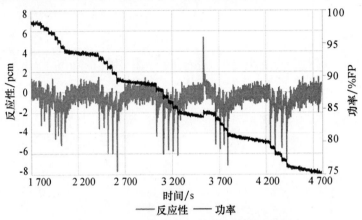

图 15-1　某电厂 U2C1 功率系数测量曲线

在两个功率平台之间,取功率稳定或趋于稳定的功率,此时反应堆处于临界状态,即 $\Delta\rho \approx 0$,则根据式(15-2),功率亏损变化量：

$$\Delta\rho_{P_r} = -(\Delta\rho_{Xe} + \Delta\rho_{rcca} + \Delta\rho_{\Delta T}) \tag{15-9}$$

再测量两个平台的功率,就可以根据式(3-37)的定义计算得到功率系数。

然而在功率台阶上用反应性仪来测量控制棒引入的反应性变化量时,由于温度反馈的影响,这种方法对控制棒移动的反应性变化量的数据处理受人的主观性影响非常大,测量结果不可靠。如图15-2所示,与零功率物理试验期间控制棒动棒的反应性曲线不同,此时插棒过程的反应性曲线出现一个尖峰,对其变化量的数据处理难以得到客观的结果,影响测量结果的可靠性。

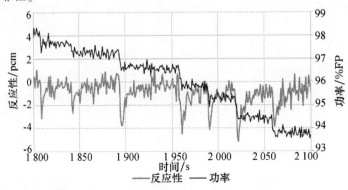

图 15-2　某电厂 U2C1 功率系数测量曲线局部放大图

15.3 方 法 二

此方法是 VVER 采用的方法。在零功率物理试验范围内提棒,引入一定量的正反应性,保持棒位不变,直到功率稳定,在此过程中用反应性仪测量反应性。在此期间硼浓度、控制棒不变;由于时间较短,可以假设钐毒、燃耗不变。根据 15.1 节的推导,可以用式(15-8)计算功率系数,即根据引入的正反应性和达到稳定的功率值,从而得到功率系数。根据第 13 章的式(13-15),反应堆功率是由一回路温度变化率计算得到的。由一回路温度变化率确定功率,对一回路系统的物性参数、传热计算要求很高,对理论参数依赖很大,且如果功率水平与主泵功率水平相当,可能引入较大误差。

15.4 优 化 方 法

这里主要借鉴了 VVER 的测量方法。具体试验方法如下:在零功率物理试验范围内提棒,引入一定量的正反应性(10~15 pcm),保持最终棒位不变,硼浓度不变,直到功率趋近稳定,大约在 1%FP 水平。在此过程中用反应性仪测量反应性,式(15-3)仍然适用。如果时间短于 30 min,氙毒变化可忽略,则用式(15-4)计算功率亏损的变化量。

该方法主要优化的地方是试验期间同步记录中间量程电流,然后根据本循环 30%FP 热平衡标定的中间量程电流功率转化系数,准确确定试验功率。最后根据引入的反应性变化量和功率变化量,得到功率系数。

该方法的结果是客观、准确的。

15.4.1 试验方法

福清核电厂 1~2 号机组反应堆在首炉及后续换料启动物理试验零功率平台开展了功率系数测量,试验在寻找多普勒发热点期间进行。

具体方法如下:反应达到稳定临界后,向反应堆引入一定的反应性,使反应堆功率持续增长,其间保持棒位不变,由于功率增长导致的燃料发热将给堆芯带来负反应性反馈,最终堆芯反应性逐渐下降至 0 附近,此时反应性的变化与功率变化的比值即为测量得到的功率系数。图 15-3 所示为 U2C1 功率系数测量过程反应性和功率变化图。

15.4.2 试验结果及简要分析

表 15-1 给出了 2 号机组第一循环的功率系数测量试验数据处理过程及结果,试验结果与理论值相对偏差较大。

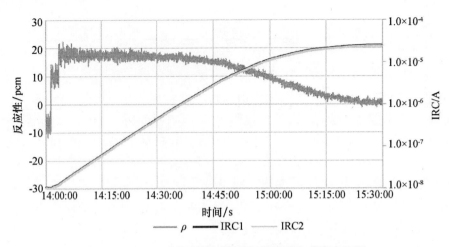

图 15-3 U2C1 功率系数测量过程反应性和功率变化图

表 15-1 U2C1 功率系数数据处理

状态 1	反应性平均值/pcm	17.470
	IRC1/A	3.176×10^{-8}
	IRC2/A	3.102×10^{-8}
	平均功率/%FP	0.001 08
	平均温度 T_{avg}/℃	291.443
	氙毒 ρ_{Xe}/pcm	0
状态 2	反应性平均值/pcm	0.435
	IRC1/A	2.379×10^{-5}
	IRC2/A	2.335×10^{-5}
	平均功率/%FP	0.807 3
	平均温度 T_{avg}/℃	291.718
	氙毒 ρ_{Xe}/pcm	-0.3
测量状态	临界硼浓度/ppm	1 144
	R 棒棒位/步	114
中间结果	ΔP_r/%FP	0.806
	ΔT_{avg}/℃	0.275
	α_{tte},测量状态	-3.90
	$(\Delta T_2 - \Delta T_1)$/℃	0.125
	$\Delta \rho$/pcm	-17.036
	$\Delta \rho_{Xe}$/pcm	-0.3
	$\Delta \rho_{\Delta T}$/pcm	-0.488
结果	功率系数 α_{pc}/(pcm/%FP)	-20.15

表 15-2 给出了 1、2 号机组多个循环功率系数测量试验结果。各个循环测量状态下的理论功率系数基本上在 −11 ~ −10 pcm/%FP，试验结果与理论值相对偏差较大，因此不再具体给出每个循环的理论值。从测量结果看，测量的功率系数与堆芯装载模式高度相关。通过上述试验与理论偏差的比较可以得出如下结论：福清核电厂采用的优化方法测量值与理论值偏差较大，特别是首循环；两个首循环的测量数据偏差较小，证明了福清核电厂采用的试验方法测量的稳定性，即该方法是稳定可靠的；换料循环测量值与理论值偏差降低。

表 15-2　1、2 号机组多个循环功率系数测量试验结果

	U1C1	U1C2	U1C3	U1C4	U1C5	U1C6	U2C1	U2C2	U2C3	U2C4
功率系数 α_{pc} /(pcm/%FP)	−20.57	−13.86	−14.09	−18.68	−18.73	−19.07	−20.15	−17.79	−14.11	−18.24
堆芯装载模式	首炉，高泄漏	年换料，高泄漏	年换料，高泄漏	18 个月换料，低泄漏	18 个月换料，低泄漏	18 个月换料，低泄漏	首炉，高泄漏	年换料，高泄漏	年换料，高泄漏	18 个月换料，低泄漏

试验在临界之后燃料刚刚开始发热的状态下进行，本试验结果对比采用的理论数据为核设软件计算结果，核设计软件模型中可能未考虑以下因素：新燃料组件在零功率水平芯块没有膨胀，芯块与包壳间距较大，芯块到包壳的传热热阻比预期的大；而随着燃耗的增加，已辐照燃料组件芯块与包壳间距逐渐变小直至完全接触，此时芯块到包壳的传热热阻就会达到最小值。因此，新燃料组件在零功率水平芯块到包壳的传热热阻比预期的大，芯块温度相对较高，多普勒反应性反馈较大，测量出的功率系数比预期的大(绝对值)，通过第 2、3 循环年换料后功率系数绝对值比首循环小、第 2、3 换料循环测量值与理论值偏差降低即可证明。当然，零功率水平下功率系数偏差大不代表有功率下也会偏差大。

15.5　多普勒功率系数的计算

有了功率系数，就可以计算多普勒功率系数，现推导如下。功率亏损是功率的函数，多普勒功率亏损 $\rho(P_r)_{dop}$ 也是功率的函数，则根据式(3-27)，有

$$\rho_{pr} = \alpha_{pc} \times P_r = \alpha_{dpc} \times P_r + \alpha_{mtc} \times (T_{ref} - T_{hzp}) + \rho_{void} \tag{15-10}$$

忽略空泡系数，将式(16-13)代入式(15-10)，则

$$\alpha_{dpc} = \alpha_{pc} - \alpha_{mtc} \frac{T_{hfp} - T_{hzp}}{100} \tag{15-11}$$

第16章 反应性系数比测量

一些堆芯参数的测量结果可直接用于核设计软件的验证。但在有功率状态下进行反应性系数测量是非常困难的,如传统的寿期末慢化剂温度系数测量、功率系数测量,测量误差或难度都比较大,这也是将大量的堆芯物理试验在零功率状态下进行的原因。

本章介绍的试验,不是直接测量反应性系数,而是通过试验测量两个反应性系数的比值。即在核电厂稳定运行时,突然改变汽轮机负荷,给堆芯一个小的扰动,同时保持冷却剂硼浓度和控制棒位置不变,根据堆芯热功率和冷却剂平均温度的变化曲线,可求得 α_{ttc} 与 α_{dpc} 的比值。此项试验传统上称为反应性系数测量试验,但本书为了避免与一般的反应性系数概念混淆,将此项试验改称为反应性系数比测量试验。通过该试验也可以间接达到对核设计软件在有功率状态下反应性系数计算正确性的验证。

16.1 试 验 原 理

该试验过程时间比较短,燃耗、钐毒可认为不变;硼浓度、控制棒棒位不变;由于此试验功率变化相对较小,因此不考虑空泡效应影响的变化。由于试验前的初始状态为稳定状态,即 $\rho_0=0$。因此当汽轮机负荷发生阶跃变化时,在负荷变化后任一时刻,堆芯反应性平衡方程传统的表达如下:

$$\rho(t)=\alpha_{\text{dpc}}[P_{\text{r}}(t)-P_{\text{r}0}]+\alpha_{\text{ttc}}[T_{\text{avg}}(t)-T_0]+\rho_{\text{Xe}}(t)-\rho_{\text{Xe0}} \quad (16-1)$$

式中,t 为负荷变化后的 t 时刻,单位为 min;$P_{\text{r}}(t)$ 为 t 时刻的反应堆热功率,单位为%FP;$P_{\text{r}0}$ 为 0 时刻的反应堆热功率,单位为%FP;$T_{\text{avg}}(t)$ 为 t 时刻的反应堆冷却剂平均温度,单位为℃;T_0 为 0 时刻的反应堆冷却剂平均温度,单位为℃;ρ_{Xe0}、$\rho_{\text{Xe}}(t)$ 分别为初始状态、t 时刻氙引入的反应性,单位为 pcm;α_{dpc} 为多普勒功率系数,单位为 pcm/%FP;α_{ttc} 为总温度系数,单位为 pcm/℃。

在汽轮机负荷变化前,反应堆处于稳态,氙处于平衡状态,则在汽轮机负荷变化后的 30 min 内,氙的变化可以很好地近似为线性变化,可表示为

$$\frac{\text{d}}{\text{d}t}[\rho_{\text{Xe}}(t)-\rho_{\text{Xe0}}]=k[P_{\text{r}}(t)-P_{\text{r}0}]$$

或者写成

$$\rho_{\text{Xe}}(t)-\rho_{\text{Xe0}}=k\int_0^t[P_{\text{r}}(t)-P_{\text{r}0}]\text{d}t \quad (16-2)$$

于是式(16-1)又可写成

$$\rho(t)=\alpha_{\text{dpc}}[P_{\text{r}}(t)-P_{\text{r}0}]+\alpha_{\text{ttc}}[T_{\text{avg}}(t)-T_0]+k\int_0^t[P_{\text{r}}(t)-P_{\text{r}0}]\text{d}t \quad (16-3)$$

在汽轮机负荷变化后的几分钟内,反应堆热功率即在一个新的水平上[记作 $P(\infty)$]趋于稳定。而氙毒变化引起的反应性则由慢化剂平均温度的线性变化(记作 D_∞)来补偿。

$$\alpha_{dpc}[P(\infty) - P_{r0}] + \alpha_{ttc}[T_{avg}(t) - T_0] + k\int_0^t [P_r(t) - P_{r0}]dt = 0 \quad (16-4)$$

对式(16-4)求时间 t 的导数,得到

$$\alpha_{ttc}D_\infty + k[P(\infty) - P_{r0}] = 0$$

式中,$D_\infty = \dfrac{dT_{avg}(t)}{dt}\bigg|_{t=\infty}$,是反应堆功率在一个新的水平上趋于稳定时,稳定的慢化剂平均温度变化率。

于是求得

$$k = -\alpha_{ttc}\frac{D_\infty}{P(\infty) - P_{r0}} \quad (16-5)$$

将式(16-5)代入式(16-3),可以得到:

$$\frac{\alpha_{ttc}}{\alpha_{dpc}} = -\frac{P_r(t) - P_{r0}}{[T_{avg}(t) - T_0] - \dfrac{D_\infty}{[P_r(t) - P_{r0}]}\int_0^t [P_r(t) - P_{r0}]dt}\left\{1 - \frac{\rho(t)}{\alpha_{dpc}[P_r(t) - P_{r0}]}\right\}$$

$$(16-6)$$

当功率趋于稳定时,即 $\rho(t) \approx 0$,式(16-6)可变为

$$\left(\frac{\alpha_{ttc}}{\alpha_{dpc}}\right)_t = -\frac{P_r(t) - P_{r0}}{[T_{avg}(t) - T_0] - \dfrac{D_\infty}{[P_r(t) - P_{r0}]}\int_0^t [P_r(t) - P_{r0}]dt} \quad (16-7)$$

以上公式可以通过近似进行简化。假设功率变化的时间很短,在降负荷后的 10 min 内可以表示为

$$\int_0^t [P_r(t) - P_{r0}]dt \approx [P(\infty) - P_{r0}](t - t_1) \quad (16-8)$$

式中,t_1 为 $T_{avg}(t)$ 达到峰值的时间。

将式(16-8)代入式(16-7),可以得到一个非常实用的方程:

$$\left(\frac{\alpha_{ttc}}{\alpha_{dpc}}\right)_t = -\frac{P_r(t) - P_{r0}}{[T_{avg}(t) - T_0] - D_\infty(t - t_1)} \quad (16-9)$$

由式(16-9)可知,只要在核电厂稳定运行时,突然改变汽轮机负荷,给堆芯一个小的扰动,同时保持冷却剂硼浓度和控制棒位置不变并记录堆芯热功率和冷却剂平均温度的变化,即从试验中取得 $P_r(t)$ 和 $T_{avg}(t)$ 的变化曲线,由此便可容易地求得上述公式中的 D_∞ 和 t_1,进而求解得到 α_{ttc} 与 α_{dpc} 的比值。有了这个比值,用一个理论的 α_{dpc},就可以求出总温度系数,即该方法也可以用于寿期末温度系数测量。

16.2 试 验 方 法

反应堆处于稳定、氙平衡状态。

汽轮机按最大速率降功率,一般速率在 5%/min,降幅在 4%~5%。试验过程中,保持冷却剂硼浓度和控制棒位置不变,并记录或测量堆芯热功率和冷却剂平均温度的变化曲线,用时 30 min。

16.3 试验优化

16.3.1 试验公式优化

传统的试验原理中,功率变化对时间的积分过于简化,这里重新进行推导。

在汽轮机负荷变化后,假设反应堆功率线性逐渐降到 $P(\infty)$,然后保持稳定。功率变化对时间的积分近似如下:

$$\int_0^t [P_r(t) - P_{r0}] dt = \int_0^{t_1} [P_r(t) - P_{r0}] dt + \int_{t_1}^t [P_r(t) - P_{r0}] dt$$

$$= \int_0^{t_1} P_r(t) dt - P_{r0} \cdot t_1 + [P(\infty) - P_{r0}](t - t_1)$$

$$\approx \frac{P(\infty) + P_{r0}}{2} \cdot t_1 - P_{r0} \cdot t_1 + [P(\infty) - P_{r0}](t - t_1)$$

$$= [P(\infty) - P_{r0}]\left(t - \frac{t_1}{2}\right) \quad (16-10)$$

式中,t_1 为轮机负荷变化后,反应堆热功率趋于一个新的水平上[即 $P(\infty)$]的时间,单位为 min。注意此处的 t_1 与原来的定义不同。

将式(16-10)代入式(16-7),最后得到一个优化后的方程:

$$\left(\frac{\alpha_{ttc}}{\alpha_{dpc}}\right)_t = -\frac{P_r(t) - P_{r0}}{[T_{avg}(t) - T_0] - D_\infty \left(t - \frac{t_1}{2}\right)} \quad (16-11)$$

式(16-11)对功率随时间的积分项假设更合理,理论上比式(16-9)测量误差更小。

16.3.2 试验原理优化

传统的试验原理中,对于反应性平衡方程的使用并不是很严谨,这里用本书第3章的反应性平衡方程重新进行推导。该试验过程用时较短,燃耗、钐毒可认为不变;硼浓度、控制棒棒位不变;由于此试验功率变化相对较小,因此空泡效应按不变考虑。则根据式(3-26),两个时刻的反应性平衡方程表示如下:

$$\Delta\rho = \Delta\rho_{Xe} + \Delta\rho(P_r)_{dop} + \Delta\rho(T_{ref})_{mot} + \Delta\rho_{\Delta T}$$

$$\rho(t) - \rho(0) = \Delta\rho_{Xe} + [\rho(t, P_r)_{dop} - \rho(0, P_{r0})_{dop}] +$$

$$[\rho(t, T_{ref})_{mot} - \rho(0, T_{ref0})_{mot}] + [\rho(t)_{\Delta T} - \rho(0)_{\Delta T}]$$

$$= \Delta\rho_{Xe} + \alpha_{dpc}[P_r(t) - P_{r0}] + \alpha_{mtc}[T_{ref}(t) - T_{ref0}] +$$

$$(\alpha_{mtc} + \alpha_{mtc})\{[T_{avg}(t) - T_{ref}(t)] - [T_{avg0} - T_{ref0}]\}$$

$$= \Delta\rho_{Xe} + \alpha_{dpc}[P_r(t) - P_{r0}] + \alpha_{ttc}[T_{avg}(t) - T_{avg0}]$$

$$- \alpha_{dtc}[T_{ref}(t) - T_{ref0}] \quad (16-12)$$

严格的反应性平衡方程推导表明,式(16-12)比式(16-1)多了一项 $\alpha_{dtc}[T_{ref}(t) - T_{ref0}]$。

假设参考温度随功率呈线性变化，即

$$T_{\text{ref}} = \frac{P_r}{100}(T_{\text{hfp}} - T_{\text{hzp}}) + T_{\text{hzp}} \tag{16-13}$$

式中，T_{hfp} 为满功率时的参考温度；T_{hzp} 为零功率时的参考温度；P_r 为相对功率，单位为%FP。

与 16.1 节相同，在汽轮机负荷变化前，反应堆处于稳态，氙处于平衡状态。在汽轮机负荷变化后的 30 min 内，氙的变化可以很好地近似为线性变化，可以得到式(16-2)。

于是方程(16-12)又可写成

$$\rho(t) = \alpha_{\text{dpc}}[P_r(t) - P_{r0}] + \alpha_{\text{ttc}}[T_{\text{avg}}(t) - T_{\text{avg}0}] + k\int_0^t [P_r(t) - P_{r0}]dt - \alpha_{\text{dtc}}[T_{\text{ref}}(t) - T_{\text{ref}0}] \tag{16-14}$$

与 16.1 节相同，在汽轮机负荷变化后的几分钟内，反应堆热功率即在一个新的水平上[记作 $P(\infty)$]趋于稳定。则对式(16-14)求时间 t 的导数，得到式(16-5)。

试验初始状态保持临界，即 $\rho(0) = 0$。将式(16-5)代入式(16-14)，经过整理后，得到

$$\frac{\alpha_{\text{ttc}}}{\alpha_{\text{dpc}}} = -\frac{P_r(t) - P_{r0}}{[T_{\text{avg}}(t) - T_0] - \frac{D_\infty}{P_r(t) - P_{r0}}\int_0^t [P_r(t) - P_{r0}]dt} \times \left\{1 - \frac{\rho(t)}{\alpha_{\text{dpc}}[P_r(t) - P_{r0}]} + \frac{\alpha_{\text{dtc}}(T_{\text{hfp}} - T_{\text{hzp}})}{100\alpha_{\text{dpc}}}\right\} \tag{16-15}$$

功率在新平台稳定后，则 $\rho(t) = 0$。

$$\frac{\alpha_{\text{ttc}}}{\alpha_{\text{dpc}}} = -\frac{P_r(t) - P_{r0}}{[T_{\text{avg}}(t) - T_0] - \frac{D_\infty}{P_r(t) - P_{r0}}\int_0^t [P_r(t) - P_{r0}]dt}\left\{1 + \frac{\alpha_{\text{dtc}}(T_{\text{hfp}} - T_{\text{hzp}})}{100\alpha_{\text{dpc}}}\right\} \tag{16-16}$$

与 16.3.1 试验公式优化相同，在汽轮机负荷变化后，由功率变化对时间的积分近似得到式(16-10)。

将式(16-10)代入式(16-16)，最后得到一个优化后的方程：

$$\left(\frac{\alpha_{\text{ttc}}}{\alpha_{\text{dpc}}}\right)_t = -\frac{P_r(t) - P_{r0}}{[T_{\text{avg}}(t) - T_0] - D_\infty\left(t - \frac{t1}{2}\right)}\left\{1 + \frac{\alpha_{\text{dtc}}(T_{\text{hfp}} - T_{\text{hzp}})}{100\alpha_{\text{dpc}}}\right\} \tag{16-17}$$

注意：此处的 $t1$ 为汽轮机负荷变化后，反应堆热功率趋于一个新的水平上[即 $P(\infty)$]的时间。

16.3.3 数据处理优化

由于早期计算能力有限，传统的数据处理是每隔 5 min 计算一个 α_{ttc} 与 α_{dpc} 的比值，一共仅计算 5、6 个比值，将这几个比值取平均值作为最终结果。由于测点的温度波动与功率波动，计算出的比值波动较大，因此最终结果的误差也较大。现在计算条件大幅度改善，可以用电站计算机导出的功率、温度数据进行处理，用式(16-11)或式(16-17)对每个测点计算一个比值，最后将这些值取一个平均值，从而大幅度减小随机误差。

式(16-11)或式(16-17)都是简化后的公式。另外一种减少数据处理误差的方式是直接使用式(16-7)或式(16-16)进行计算,避免简化带来误差。不过经计算表明,式(16-7)的处理结果与式(16-11)的差异不大,为此建议使用式(16-11)或式(16-17)进行计算。

16.4 数据处理

典型的反应性系数比测量试验的实测曲线如图 16-1 所示。

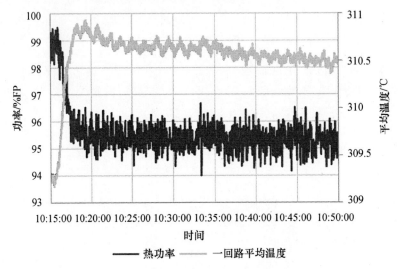

图 16-1 典型的反应性系数比测量试验的实测曲线

传统的试验数据处理见表 16-1。经过处理,根据式(16-11)计算 6 个值的平均 $\alpha_{ttc}/\alpha_{dpc}$ 为 2.42。图 16-2 所示为反应性系数比数据处理结果,对所有 $\alpha_{ttc}/\alpha_{dpc}$ 平均为 2.58。该值是大量数值的平均,结果更加可靠。

表 16-1 反应性系数比测量试验数据处理

降负荷前 0 时刻堆芯热功率值	99.237 6	%FP
汽轮机降负荷后,堆芯功率由 P_0 变化到 P_∞ 的时间 t_1	174	s
慢化剂平均温度的线性变化速率 D_∞	-1.342×10^{-4}	℃/s
0 时刻的反应堆冷却剂平均温度 T_0	309.245	℃
时间 t/min	$P(t)$/%FP	$T_{avg}(t)$/℃	$\alpha_{ttc}/\alpha_{dpc}$/(%FP/℃)
5	95.88	310.848	2.06
10	95.75	310.604	2.45
15	95.73	310.650	2.33
20	95.78	310.601	2.30
25	95.12	310.532	2.80
30	95.45	310.501	2.56
平均值	—	—	2.42

根据试验原理优化后的式(16-17)计算,则反应性系数比 $\alpha_{ttc}/\alpha_{dpc}$ 比式(16-11)增大 6.4%,即为 2.75。

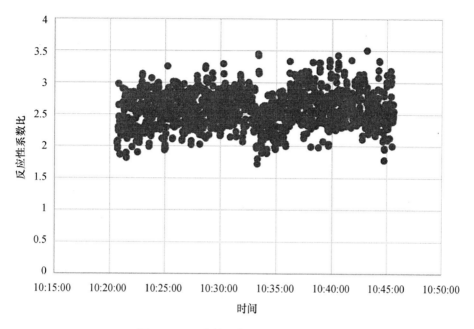

图 16-2 反应性系数比数据处理结果

第 17 章 功率控制棒刻度试验

控制棒完全补偿功率亏损的功率棒位关系,称为功率控制棒刻度曲线,常用功率控制棒刻度试验来确定该曲线。对于一般的堆跟机,机组在负荷变化过程中,功率控制棒位控制是通过汽轮发电机电功率与棒位的函数确定的,因此需要通过反应堆功率与汽轮发电机功率的关系曲线进行转换。为了避免功率控制棒因误差过插导致堆芯过冷,又对曲线进行了过热修正,最终得到所需要的控制曲线。

17.1 试验原理

功率控制棒刻度试验是在有功率状态下,通过降功率,温度控制棒保持不动,功率控制棒根据二回路汽轮机负荷插入堆芯,功率控制棒控制的偏差通过慢化剂温度反馈反映出来。

试验过程用时比较短,可以假设燃耗、钐毒不变,但由于功率变化比较大,氙毒变化对于本试验不能忽略;试验过程硼浓度不变。根据式(3-32)可以得到

$$\Delta\rho = \Delta\rho_{Xe} + \Delta\rho_{rcca} + \Delta\rho_{pr} + \Delta\rho_{\Delta T} \quad (17-1)$$

初始状态 $\rho(0)=0$,则 t 时刻与试验初始状态比较

$$\rho(t) = [\rho_{Xe}(t) - \rho_{Xe0}] + [\rho_G(t) - \rho_{G0}] + [\rho_{pr}(t) - \rho_{pr0}] + [\rho_{\Delta T}(t) - \rho_{\Delta T0}] \quad (17-2)$$

式中,$\rho(t)$ 为负荷变化过程中堆芯的反应性,可根据功率史曲线进行计算;$\rho_{Xe}(t)$ 为负荷变化过程中时氙毒随时间的变化,其用功率史曲线进行计算;ρ_{Xe0} 为负荷变化 0 时刻的氙毒;$\rho_G(t)$ 为试验时实际功率控制棒所引入的反应性;ρ_{G0} 为负荷变化 0 时刻的功率控制棒所引入的反应性。

理想的刻度曲线是反应堆功率与功率控制棒棒位的函数,在此过程中不考虑氙毒的变化,即

$$\rho(t) - \rho(0) = [\rho_{Gref}(t) - \rho_{G0}] + [\rho_{pr}(t) - \rho_{pr0}] = 0 \quad (17-3)$$

式中,$\rho_{Gref}(t)$ 为理想的功率控制棒棒位下所引入的反应性。

将实际测量过程与理想的控制棒补偿曲线比较,即式(17-2)减去式(17-3),有

$$\rho(t) = [\rho_{Xe}(t) - \rho_{Xe0}] + [\rho_G(t) - \rho_{Gref}(t)] + [\rho_{\Delta T}(t) - \rho_{\Delta T0}] \quad (17-4)$$

则根据式(17-4),控制棒刻度试验过程中,理想的与实际的功率控制棒棒位下所引入的反应性偏差为

$$\rho_{Gref}(t) - \rho_G(t) = [\rho(t)_{Xe} - \rho_{Xe0}] + [\rho_{\Delta T}(t) - \rho_{\Delta T0}] - \rho(t) \quad (17-5)$$

假设在此棒位附近控制棒微分价值为常数,即

$$\rho_{Gref}(t) - \rho_G(t) = \alpha_{drw} \times \Delta G \quad (17-6)$$

控制棒引入的反应性为控制棒的各插入量与控制棒微分价值积的和,或控制棒的总插

入量与控制棒平均微分价值的乘积,即:

$$\rho_{rcca} = \sum_{i=1}^{n}(\alpha_{drwi} \times R_i) = \overline{\alpha_{drw}} \times R \qquad (17-7)$$

式中,ρ_{rcca} 为控制棒所引入的反应性;α_{drwi} 为控制棒在 i 位置的微分价值;$\overline{\alpha_{drw}}$ 为控制棒的平均微分价值;R 为控制棒插入量或插入棒位;R_i 为第 i 段控制棒插入量,$R = \sum_{i=1}^{n} R_i$。

因此,根据式(17-6)、式(17-7),有

$$R_{ref} = R + \Delta G \qquad (17-8)$$

一般压水堆多采用提出棒位,即控制棒棒位计数从堆芯底部算起

$$H + R = A \qquad (17-9)$$

式中,H 为控制棒提出棒位,简称控制棒棒位;A 为控制棒的行程或棒位总量。

因此根据式(17-8)、式(17-9),理想的与实际的功率控制棒棒位的关系

$$G_{ref} = G - \Delta G \qquad (17-10)$$

则根据式(17-5)、式(17-6)、式(17-10),控制棒刻度试验后的功率控制棒棒位为

$$G_{ref} = G - \frac{\alpha_{ttc}\{[T(t)_{avg} - T(t)_{ref}] - [T(0)_{avg} - T(0)_{ref}]\} + [\rho(t)_{Xe} - \rho(0)_{Xe}] - \rho(t)}{\alpha_{drw}}$$

$$(17-11)$$

式中,G 为测量状态时的控制棒棒位;G_{ref} 为刻度试验后标定的控制棒刻度棒位;$T(t)_{avg}$、$T(0)_{avg}$ 分别为 t 时刻和 0 时刻一回路平均温度;$T(t)_{ref}$、$T(0)_{ref}$ 分别为 t 时刻和 0 时刻一回路参考温度。

17.2 试 验 方 法

反应堆功率维持在满功率运行,并达到氙毒平衡。功率控制棒组全部提出堆芯。

在降功率前将棒速程序设置为"标定"模式,棒速均设置为 72 步/min(最大棒速)。在降功率过程中,温度控制棒置于手动且维持原来棒位不动,功率控制棒以自动方式跟踪负荷变化;旁路除盐床。

反应堆先以 3%FP/min 的速率降负荷至 90%FP,再以约 5%FP/min 的速率降负荷至 50%FP。其间记录反应堆热功率、核功率、一回路参考温度 T_{ref}、一回路平均温度 T_{avg},功率控制棒棒位等参数。

17.3 数 据 处 理

17.3.1 热功率计算

降负荷前的初始阶段:

$$PthM_{avg}(t=0) = CAL \times Pth_{avg}(t=0) \qquad (17-12)$$

式中，$PthM_{avg}(t=0)$ 为降功率前热平衡试验测量的堆芯热功率值，单位为%FP；$Pth_{avg}(t=0)$ 为降功率前一回路小温差法计算的堆芯热功率值，单位为%FP。

热平衡试验测量的堆芯热功率值是反应堆功率测量的基准，其有最小的误差，但其只能在稳定平衡状态下准确测量。一回路小温差法可以实时测量堆芯热功率，但其误差较大，需要根据热平衡测量值进行修正。则根据式(17-12)可以得到一回路小温差法堆芯热功率的修正系数：

$$CAL = \frac{PthM_{avg}(t=0)}{Pth_{avg}(t=0)} \tag{17-13}$$

如果在降功率过程中一回路小温差法计算的热功率 $Pth_{avg}(t)$ 已经被记录，那么依据式(17-13)，利用的 $Pth_{avg}(t)$ 可以计算降负荷过程中的 $PthM_{avg}(t)$：

$$PthM_{avg}(t) = CAL \times Pth_{avg}(t) \tag{17-14}$$

或者利用反应堆冷却剂平均温度 T_{avg}、冷段热段之间的温差 ΔT 等计算堆芯热功率 $PthM_{avg}(t)$。估算方式如下：

$$PthM_{avg}(t) = Q \times \rho(t) \times \Delta H(t) + A \frac{dT_{avg}(t)}{dt} \tag{17-15}$$

式中，A 为经验系数，$A = 0.0045\%\text{FP} \cdot \text{min}/℃$；$Q$ 为环路的体积流量和；ρ 为入口冷却剂密度；ΔH 为冷却剂焓升。

体积流量可以用初始时刻的功率、焓升、密度进行计算：

$$Q = \frac{PthM_{avg}(t=0)}{\rho_0 \Delta H_0} \tag{17-16}$$

入口冷却剂密度计算如下：

$$\rho = 0.505 + 3.564 \times 10^{-3}\left(T_{avg} - \frac{\Delta T}{2}\right) - 9.42 \times 10^{-6}\left(T_{avg} - \frac{\Delta T}{2}\right)^2 \tag{17-17}$$

冷却剂焓升计算如下：

$$\Delta H = (0.02202 T_{avg} - 1.1257)\Delta T \tag{17-18}$$

17.3.2 参考温度的计算

根据式(16-13)计算参考温度：

$$T_{ref}(t) = \frac{PthM_{avg}(t)}{100}(T_{hfp} - T_{hzp}) + T_{hzp} \tag{17-19}$$

17.3.3 总温度系数的计算

总温度系数 α_{ttc} 可以表示为堆芯功率、硼浓度和燃耗的函数，具体来源于启动物理试验报告，每个循环都不同。

17.3.4 氙毒计算

对于一个特定的降功率瞬态，利用启动物理试验报告上的数据确定从降功率开始氙毒随时间的变化。本书推荐根据核功率变化数据用氙毒计算程序进行计算。

17.3.5 反应性的计算

可以采用单组缓发中子计算反应堆功率下降过程中的反应性 ρ，其可表示为

$$\rho(t) = \frac{\beta_{\text{eff}}}{\lambda \Delta t} \cdot \ln \frac{Pth(t)}{Pth(t - \Delta t)} \quad (17-20)$$

式中，λ 为单组缓发中子常数，可以用启动物理试验报告中提供的六组缓发中子的份额和衰变常数求得

$$\frac{\beta_{\text{eff}}}{\lambda} = I \sum_{i=1}^{6} \frac{\beta_i}{\lambda_i} \quad (17-21)$$

堆芯反应性 $\rho(t)$ 也可根据功率历史数据直接用反应性仪程序计算求得。

17.3.6 棒位计算

在完成上述计算后，可以根据式(17-11)计算得到控制棒刻度试验后的功率控制棒棒位，最终得到标定后的功率控制棒棒位与反应堆功率的关系曲线。

17.3.7 电功率计算

以上的计算是得到标定后的功率控制棒棒位与反应堆功率的关系曲线。实际上由于控制的需要，现场设定的刻度曲线是汽轮发电机的输出电功率与功率控制棒棒位的关系曲线，而不是反应堆功率与功率控制棒棒位，因此需要将反应堆功率转换为汽轮发电机的输出电功率。一般用在反应堆调试阶段试验得到反应堆功率与汽轮发电机的输出电功率的关系，电功率 $Pe(\%\text{FP})$ 与堆芯热功率 $Pth(\%\text{FP})$ 的关系如下：

$$Pe = A(PthM_{\text{avg}} - B) \quad (17-22)$$

式中，A、B 为电功率与堆芯热功率关系的系数。

由式(17-22)计算出电功率后，就得到了电功率与功率控制棒棒位的关系曲线。

17.3.8 确定新的校刻曲线

利用计算得到的电功率和棒位绘出对应标定后的刻度曲线的点，用直线分段连接出测点并描绘出刻度线。

若试验初始状态功率没有达到 100%FP，那么得到的曲线需要根据功率修正项值进行平移。实际上试验得出的曲线反映的是功率变化所导致的棒位变化的准确步数。

17.3.9 过热修正

为了避免堆芯过冷，考虑到测量或计算的不确定性，需要对刻度曲线进行过热修正。过热修正过程中，将对应棒位的点的功率减少相应的功率修正量(图17-1)，从而确保

在相同的功率水平下控制棒棒位高于原来的刻度曲线。

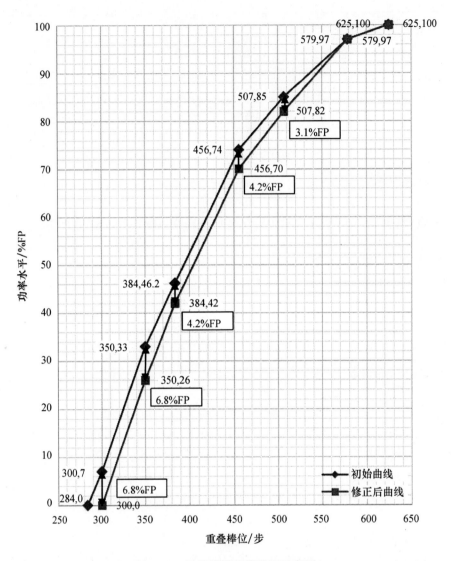

图 17-1　过热修正数据处理示意图

试验时只做了 50%FP 以上的刻度曲线,按下述方法将新的电功率与棒位对应关系曲线外推到零功率。如果新的刻度曲线指示 50%FP 以下对应的插入步数比原来的刻度曲线插入堆芯更深,则连接新曲线的最后测点和原来曲线的零功率点。如果新的刻度曲线指示 50%FP 以下对应的插入步数比原来的刻度曲线插入堆芯更少,则通过新曲线的最后测点向零功率方向作原来曲线的平行线。记录测量和据此确定的值,得到新的刻度曲线。

试验时可能会有 10 个以上的点出现,但设置的刻度曲线可能只有 10 个点,此时应该保留最有价值的点。选点需遵循以下原则:100%FP 和 0%FP 的点必须有;尽量在 50%FP 以上区域多选点;尽可能真实的还原曲线,如果三个点是线性的,取首尾两点即可;反映变化趋势的转折点必须选取。

第 18 章 功率分布测量

　　核电厂的反应堆堆芯功率分布是一个极其重要的物理量。装料后零功率或低功率物理试验时进行的功率分布测量,主要用来检查堆芯装料是否正确,同时也验证(换料)堆芯的物理设计是否满足设计要求。在升功率阶段,通过堆芯功率分布试验,验证堆芯主要的物理热工参数是否满足安全准则,只有在当前功率水平的功率分布结果满足安全准则和运行准则时才允许继续提升功率。所以堆芯功率分布与核电厂的安全运行直接相关,同时也和经济运行密切相关。随着燃耗的变化,堆芯的功率分布也发生变化,这就需要对其进行定期测量。通过定期功率分布测量,计算出堆芯每个组件的燃耗深度,并为下一个循环换料方案设计提供必要的物理参数。另外,用定期功率分布测量的测量结果,校验堆外核仪表系统四个功率量程的刻度系数,以保证堆芯安全运行。

　　堆内中子注量率分布测量依赖堆芯中子注量率测量系统,零功率物埋试验期间测量时的功率水平约为 0.1%FP 或以上(<2%FP);换料后提升功率阶段一般分别在约 30%FP、75%FP、100%FP 功率台阶上完成测量。当反应堆在正常稳定运行期间,按技术规格书要求,通常每 30 等效满功率天(equivalent full power days,EFPD)进行一次堆芯功率分布测量试验。

18.1　功率分布测量原理

　　前面章节谈到,堆外中子探测器信号与反应堆功率成正比。实际上对于反应堆局部而言也是成立的,即中子探测器信号与其所在反应堆位置的功率成正比。

　　反应堆的局部某位置的功率 P_i 可以表示为

$$P_i = \varphi_i \Sigma_{fi} V_i E_f \tag{18-1}$$

式中,φ_i 为反应堆局部某位置的中子注量率,单位为 $n \cdot cm^{-2} \cdot s^{-1}$;$\Sigma_{fi}$ 为局部某位置燃料的宏观裂变截面,单位为 cm^{-1};V_i 为反应堆局部某位置的体积,单位为 cm^3;E_f 为每次裂变放出的能量,约为 200 MeV。

　　对于一个确定的反应堆,其反应堆局部某位置的体积是确定的,而其宏观裂变截面在一定时间内也是一定的。那么,反应堆局部某位置的功率 P_i 与其该位置的中子注量率 φ_i 成正比:

$$P_i \propto \varphi_i \tag{18-2}$$

而中子探测器信号与其所在位置的中子注量率 φ_i 成正比,则

$$I_i \propto \varphi_i \tag{18-3}$$

则中子探测器信号与其所在反应堆位置的功率 P_i 成正比:

$$I_i \propto P_i \tag{18-4}$$

根据式(18-3),只要用堆芯测量系统测量得到堆芯内中子探测器信号空间分布,就可以得到堆芯中子注量率的空间分布。然而,对于堆内任意位置,燃料的宏观裂变截面 Σ_{fi} 是不同的,即反应堆堆芯功率的空间分布与堆芯中子注量率的空间分布并不一样,或者说反应堆任意两个位置的功率 P_i、P_j 之比与对应位置的中子注量率 φ_i、φ_j 之比不相等。假设堆内任意位置的体积相同,则反应堆任意位置的功率 P_i 与其该位置的中子注量率 φ_i 和宏观裂变截面 Σ_{fi} 的积成正比,即

$$P_i \propto \varphi_i \times \Sigma_{fi} \tag{18-5}$$

将式(18-3)代入,则

$$P_i \propto I_i \times \Sigma_{fi} \tag{18-6}$$

则根据式(18-6),知道了堆芯中子注量率的空间分布(中子探测器信号空间分布),将其与各位置的宏观裂变截面乘积,就得到了堆芯功率的空间分布,这就是堆芯功率分布测量的基本原理。

如果直接用堆芯功率分布测量的基本原理,除了需要堆芯中子注量率的空间分布外,还需要宏观裂变截面等参数来计算,还是不够方便。在反应堆测量状态与理论设计状态一致时,可假设测量状态与理论设计状态的宏观裂变截面也相同,则根据式(18-1),可以得到:

$$\frac{P_i^m}{P_i^c} = \frac{\varphi_i^m}{\varphi_i^c} \tag{18-7}$$

式中,P_i^m 为反应堆在位置 i 的功率测量值;P_i^c 为反应堆在位置 i 的功率理论值;φ_i^m 为反应堆在位置 i 的中子注量率测量值;φ_i^c 为反应堆在位置 i 的中子注量率理论值。

根据式(18-7),有了测量得到的堆芯中子注量率的空间分布,再根据理论的堆芯中子注量率的空间分布、堆芯功率空间分布,就能计算得到测量的堆芯功率分布。理论的堆芯中子注量率的空间分布、堆芯功率空间分布就是功率分布测量所需要的理论库。

中子注量率需要使用中子探测器测量。将式(1-5)代入,则

$$\frac{P_i^m}{P_i^c} = \frac{\dfrac{I_i^m}{\sum_d {}^m V_d^m k_d^m}}{\dfrac{I_i^c}{\sum_d {}^c V_d^c k_d^c}} \tag{18-8}$$

实际使用的中子探测器与理论预计的中子探测器可能存在差异,则式(18-8)表示为

$$\frac{P_i^m}{P_i^c} = k \frac{I_i^m}{I_i^c} \tag{18-9}$$

式中,k 为实际使用的中子探测器与理论预计的中子探测器存在差异的比例系数。

归一化公式表示为

$$x_{ri} = \frac{x_i}{\dfrac{\sum_{i=1}^{n} x_i}{n}} \tag{18-10}$$

式中,x_{ri} 为 n 个数据 x_i 归一化后第 i 个的值。

将式(18-10)代入式(18-9),则

$$P_{ri}^m = kP_{ri}^c \frac{I_{ri}^m}{I_{ri}^c} \frac{\sum_{i=1}^n I_i^m}{\sum_{i=1}^n I_i^c} \frac{\sum_{i=1}^n P_i^c}{\sum_{i=1}^n P_i^m} \qquad (18-11)$$

式中，P_{ri}^m、P_{ri}^c 分别为归一化后的测量、理论相对功率；I_{ri}^m、I_{ri}^c 分别为归一化后的测量、理论中子探测器相对信号值。

对于式(18-9)，假设实际使用的中子探测器与理论预计的中子探测器的差异在堆芯各处相同，即 k 为常数，则有

$$\frac{\sum_{i=1}^n P_i^m}{\sum_{i=1}^n P_i^c} = k \frac{\sum_{i=1}^n I_i^m}{\sum_{i=1}^n I_i^c} \qquad (18-12)$$

将式(18-12)代入式(18-11)，则有

$$P_{ri}^m = P_{ri}^c \frac{I_{ri}^m}{I_{ri}^c} \qquad (18-13)$$

根据式(18-13)，有了测量得到的堆芯中子探测器信号归一化的空间分布，再根据理论的堆芯中子探测器信号归一化的空间分布、堆芯功率归一化的空间分布，就能计算得到测量的堆芯归一化的功率分布。根据式(18-3)，中子探测器信号与其所在位置的中子注量率成正比，则堆芯中子探测器信号归一化的空间分布就是堆芯中子注量率归一化的空间分布。这样理论的堆芯中子注量率归一化空间分布、堆芯功率归一化空间分布就是功率分布测量所需要的理论库。式(18-13)也表明，功率分布测量与所使用的中子探测器类型没有关系。

根据式(18-13)，还可以变换如下：

$$\frac{P_{ri}^m - P_{ri}^c}{P_{ri}^c} = \frac{I_{ri}^m - I_{ri}^c}{I_{ri}^c} \qquad (18-14)$$

式(18-14)表明，堆芯中子探测器信号归一化测量与理论的相对变化量，等于功率归一化测量与理论的相对变化量。

定义堆芯中子探测器信号归一化理论与测量的相对变化量：

$$\Delta_i = \frac{I_{ri}^c - I_{ri}^m}{I_{ri}^m} \qquad (18-15)$$

则归一化测量功率又可以表示为

$$P_{ri}^m = \frac{P_{ri}^c}{1 + \Delta_i} \qquad (18-16)$$

18.2 三维功率分布重构

在功率分布测量原理中，根据测量得到的中子探测器信号的空间分布，再根据理论的堆芯中子注量率的空间分布、堆芯功率空间分布，就能计算得到测量的堆芯功率分布。注意，这里只能得到有探测器位置的功率分布，没有探测器位置的暂时还不知道。以移动式

中子注量率测量系统为例，它需要在压力容器底部打孔以便探测器进入堆芯，孔打多了对压力容器、一回路、堆芯安全都会产生增加冷却剂泄漏概率的安全威胁，从这个角度来说，孔越少越好。因此，测量通道的分布要有代表性，也要满足功率分布的测量要求。这样对于没有探测器位置的功率分布，需要一种方法将已经测量的数据进行扩展，得到全堆芯的功率分布，这就是功率分布拓展。

18.2.1 组件径向功率拓展

组件径向功率拓展就是用已经测量的数据对没有测量通道的组件进行功率重构。拓展的方法比较多，这里介绍一种"DG"（滑动域）方法。该方法利用邻近准则将理论/测量（C/M）差的初始集扩展到所有位置。对于给定的区域，以无测量通道组件 S 为中心，以 D_S 为直径的圆周之内的测量通道对 S 的拓展功率 P_s^{est} 有贡献，其贡献大小用权重因子 ω 表示，ω 与 i 到 S 之间的距离 $d_{s,i}$ 有关，可表示为

$$\omega(s,i) \approx (1 + \alpha \times d_{s,i})^{-2} \quad (18-17)$$

则

$$\Delta_{i^*} = \sum_{i \in D} [\omega(s,i) \times \Delta_i] \quad (18-18)$$

式中，Δ_{i^*} 为没有测量通道的归一化理论与测量的相对变化量；D 为在 D_S 为直径的圆周之内所有测量通道的集合。α 为一个计算参数，一般取 0.024 4。

有了测量的和拓展的归一化理论与测量的相对变化量，则根据式(18-16)，就可以得到全堆芯的组件功率分布。

18.2.2 精细功率重构

如果需要给出组件内详细的实测功率分布，也可以采用同样的方法处理。假设组件内的实测功率分布函数和理论重构的精细功率分布函数保持一致，就可以通过组件实测平均功率与组件理论平均功率之比对组件内功率分布的幅值进行调整，即

$$P^{het,m}(x,y) = P^{het,c}(x,y) \times \frac{P^m}{P^c} \quad (18-19)$$

式中，$P^{het,m}(x,y)$ 为组件内实测的功率分布；$P^{het,c}(x,y)$ 为组件内理论的功率分布；P^m 为组件实测的平均功率；P^c 为组件理论的平均功率。

18.3 试 验 方 法

功率分布测量试验的测量比较简单，基本的要求就是试验期间保持稳定。

反应堆在有功率水平下稳定运行 48 h，达到氙平衡。移动式探测器在零功率时要将功率提升到探测器灵敏度范围内、且测量数据可以区分出格架位置的通量凹陷，一般功率水平不小于 0.1%FP 且要小于 2%FP。自给能中子探测器一般需要将功率提升到 10%FP 以上才能保证测量精度。

在中子注量率图测量过程中,应维持功率水平稳定。试验期间要进行热平衡测量,将由电站中央数据处理系统采集的温度、压力、流量、棒位和堆外核仪表系统探测器信号等数据送到堆芯功率分布测量系统控制计算机中,控制计算机将其与通量测量数据按一定的格式保存。

18.4 数据处理

由于功率分布数据量比较大,因此一般用专门的软件对测量数据和理论数据库进行处理,得到三维堆芯功率分布图。由此可以得到全堆芯组件功率分布图、核焓升因子$F_{\Delta H}^N$、热点因子F_q、象限功率倾斜比、轴向功率偏移AO等重要的安全参数和运行参数。

18.5 模拟弹棒、模拟落棒

模拟弹棒是在重叠棒插到其功率对应的下限位置,将其中价值最大的一束控制棒抽出,测量此时的功率分布的试验。模拟落棒一般是在50%FP功率水平时,将选定的一束控制棒完全插入堆芯,测量此时的功率分布试验。模拟弹棒、模拟落棒这种特殊棒状态的功率分布试验一般只在原型堆调试中才有。该试验经常出现一些问题,需要注意。

第一个问题是理论库中弹棒或落棒的位置错误,或者说理论库位置旋转了90°,造成测量结果与预期出现极大的偏差。

第二个容易出现的问题是,如果在有功率状态下进行此项试验,由于控制棒在异常状态,因此不可能在这个状态下长时间运行等待氙平衡。然而设计单位却习惯性地给出氙平衡理论库,造成测量结果与预期功率分布偏差超预期。

18.6 优化之等效氙平衡

在传统的有功率平台功率分布测量试验中,一般要求达到氙平衡,且在功率平台已经稳定运行48 h。48 h在核设计上是从零功率瞬时到有功率平台稳定所要求的氙平衡状态。而实际上,一般都从有功率平台提升到另一个功率平台,前一个平台已经达到了氙平衡;另外,特别是换料后为了避免芯块包壳相互作用(pellet clad interaction,PCI)对燃料包壳的影响,升功率速率一般仅为3%FP/h,在如此缓慢的升功率过程中,氙毒也已经基本累积完成。考虑功率史对氙毒的贡献,提出了等效氙平衡的概念。等效氙平衡就是考虑功率史的影响,对氙平衡的要求与核设计上是从零功率瞬时到有功率平台稳定48 h的氙平衡状态一致。为此计算了各个功率平台到另一个功率平台稳定运行所需要的时间(表18-1),确保氙毒水平与设计的一致。

这项改进在不降低设计要求的情况下,如仅在30%FP、75%FP功率平台停留的情况下,每次换料比传统的升功率试验到达满功率缩短了40 h,增加了约0.7 EFPD的能量输出,百万机组相当于增加了发电量0.17亿度,增加了700万元收益。本项优化自福清核电厂1号机组调试开始应用,为缩短调试时间、早日商运做出了贡献。

表 18-1 换料后氙平衡时间

序号	功率平台	氙平衡时间/h	备注
1	0 至 8%FP	32	升功率速率没有要求
2	8%FP 至 30%FP	27	15%FP 以下升功率速率没有要求 换料后 15%FP 以上升功率速率按 3%FP/h
3	0 至 30%FP	32	15%FP 以下升功率速率没有要求 换料后 15%FP 以上升功率速率按 3%FP/h
4	30%FP 至 75%FP	24	15%FP 以下升功率速率没有要求 换料后 15%FP 以上升功率速率按 3%FP/h
5	75%FP 至 87%FP	14	15%FP 以下升功率速率没有要求 换料后 15%FP 以上升功率速率按 3%FP/h
6	100%FP	48	不急于做满功率,按 48 h 等待

18.7 优化之状态一致

前面的优化提出了等效氙平衡概念,确保了功率分布测量试验要求与设计保持一致。然而在前面的原理推导过程中,没有在任何地方提出在功率分布测量时需要氙平衡的假设。在式(18-13)中,我们需要的理论库,即理论堆芯中子注量率空间分布、堆芯功率空间分布,虽然它们受氙毒影响,但这并不影响功率分布的测量。式(18-6)说明了堆芯功率分布测量的基本原理,即堆芯功率的空间分布就是堆芯中子注量率的空间分布(中子探测器信号空间分布)与各位置的宏观裂变截面乘积。式(18-13)给出的理论堆芯中子注量率空间分布、堆芯功率空间分布,实际上是间接给出宏观裂变截面,式(18-13)只是更便于功率分布测量数据处理而已。是否氙平衡可认为不影响宏观裂变截面的大小。图 18-1 是在 30%FP 仅稳定 6 h 进行的功率分布测量,其分别用 6 h 理论库与氙平衡理论库进行功率分布重构,比较结果表明是否氙平衡不影响堆芯功率分布的测量。

根据这个认识,只要中子探测器能及时给出信号,就可以认为功率分布测量可以在任何时候进行。那为什么传统功率分布测量要求氙平衡呢?这是因为传统功率分布测量一般都采用离线功率分布测量系统,特别是理论库只能采用离线方式提供,因此只提供氙平衡理论库对设计来说是最简单可靠的办法,可确保测量结果与设计预计值一致。虽然在氙不平衡时测量并使用氙平衡的理论库不影响功率分布的测量结果,但是在用测量结果与理论功率分布比较时,二者出现不一致是正常的,而这可能影响结果的验收。如果在氙不平衡时测量并使用对应的氙不平衡理论库,则测量结果与理论功率分布比较应该是一致的。因此理论功率分布要与测量时的功率分布状态一致,包括功率、棒位、燃耗、氙毒水平等,特别是棒位和功率要尽可能一致,这样的测量结果比较才不会出现"异常"。

	H	G	F	E	D	C	B	A
1	1.041 5	1.229 3	1.254 9	1.142 8	1.206	0.960 2	1.196	0.452 5
	1.048 8	1.234 7	1.257 5	1.145 8	1.207 7	0.962 3	1.192 9	0.454 1
	-0.70%	-0.44%	-0.21%	-0.26%	-0.14%	-0.22%	0.26%	-0.35%
2	1.226 4	1.258 7	1.178 2	1.264 8	1.033 4	1.124 9	1.016 4	0.330 9
	1.231 7	1.262 3	1.181 4	1.263 9	1.035 6	1.123 7	1.014 6	0.332 6
	-0.43%	-0.29%	-0.27%	0.07%	-0.21%	0.11%	0.18%	-0.51%
3	1.253	1.159 5	1.207 6	1.242 7	1.237 2	1.140 2	0.573 1	
	1.255 2	1.163 3	1.210 5	1.242 7	1.234 2	1.135 9	0.574 2	
	-0.18%	-0.33%	-0.24%	0.00%	0.24%	0.38%	-0.19%	
4	1.143 6	1.212 3	1.221 7	1.281 3	1.198 9	1.126 4	0.390 7	
	1.146 2	1.214 3	1.222 9	1.278 6	1.195 8	1.121 7	0.391 6	
	-0.23%	-0.16%	-0.10%	0.21%	0.26%	0.42%	-0.23%	
5	1.212	1.017 6	1.223 4	1.195 3	1.137 9	0.529 2		
	1.213 5	1.021 2	1.222 1	1.193 1	1.134 1	0.529 4		
	-0.12%	-0.35%	0.11%	0.18%	0.34%	-0.04%		
6	0.971 9	1.128 3	1.142 9	1.130 5	0.530 7			
	0.974 2	1.128 5	1.140 6	1.127 5	0.531 3			
	-0.24%	-0.02%	0.20%	0.27%	-0.11%			
7	1.225 3	1.035 6	0.582 2	0.396 2				
	1.222 7	1.035 4	0.584 6	0.398 1				
	0.21%	0.02%	-0.41%	-0.48%				
8	0.471 1	0.342 9						
	0.473 2	0.345 4						
	-0.44%	-0.72%						

0.396 2	组件功率(6 h 理论库)
0.398 1	组件功率(平衡氙理论库)
-0.48%	相对偏差

图 18-1 不同理论库对功率分布重构结果的比较

因此,对于离线功率分布测量系统,其优化方式是在非氙平衡阶段进行功率分布测量,并用与氙毒水平相当的理论库来计算功率分布,从而进一步缩短在功率平台的等待测量时间。另外,对于采用微型裂变室的离线功率分布测量系统,由于一个功率分布测量需要大约 1 h,其间氙毒变化将影响堆芯功率分布,因此在这种测量状态下,氙毒变化应相对缓慢,避免测量功率分布测量因时间前后不一致造成功率分布测量结果异常。

而对于在线功率分布测量系统,其优化方式是理论上可以在任意时候进行功率分布测量(不论氙毒是否平衡)因为其能在线跟踪堆芯运行并提供理论库且其测量几乎是瞬时的。但前提条件是功率水平高到足够保证中子探测器的测量精度。另外要注意中子探测器的类型,如对于衰变型 SPND 需要足够的稳定时间,从而保证测量结果正确。

与离线测量系统相比,在线测量系统有几个优点。第一,在线测量系统没有机械动作装置,不容易出故障,可靠性较高。第二,在线测量系统不需要在压力容器底部开孔,系统安全性更高。第三,在线测量系统可以在氙不平衡过程中测量功率分布,从而缩短换料后启动升到满功率的时间,提高核电厂能力因子,提高经济效益。因此,在线测量系统是未来的发展趋势。

第 19 章　堆内外核测仪表互校

堆外核仪表系统的功率量程探测器可以探测泄漏到堆外的中子,从而产生电流。根据此电流可以获得反应堆的核功率与轴向功率偏差。由于核信号具有瞬时性,因此这两个参数都用于反应堆的保护。

根据热平衡测量的结果,可确定反应堆的核功率,但无法确定轴向功率偏差。随着循环燃耗的增加,堆芯径向、轴向功率分布都会发生变化,堆外中子探测器电流也会发生变化。另外,不同探测器灵敏度也有差异。因此,这个电流到底表示多少功率,它如何反映堆芯的轴向功率分布,这就需要一种方法来标定功率量程的系数。

19.1　试验原理

第 1 章式(1-7)已经证明,堆外中子探测器信号与反应堆功率成正比。为了使电离室电流能够反映对应的堆芯功率,可以用热平衡测量系统来获得堆芯的功率,据此可以刻度堆外中子探测器电离室电流:

$$I = W \times k \tag{19-1}$$

式中,W 为通过热平衡试验测量得到的堆芯功率水平,单位为 %FP;k 为功率-电流转换系数,单位为 A/%FP。

对于功率量程电离室,其探测到的电流与其所在位置及其本身的效率有关(图 19-1),即

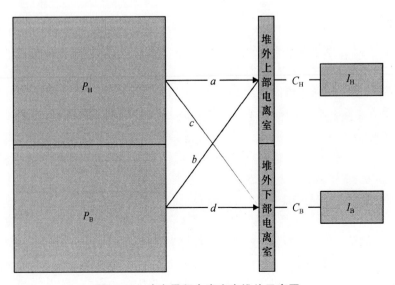

图 19-1　功率量程电离室在堆外示意图

$$I_H = C_H(aP_H + bP_B) \quad (19-2)$$
$$I_B = C_B(cP_H + dP_B) \quad (19-3)$$

式中，I_H、I_B 为上、下部电流平均值，单位为 A；P_H、P_B 为堆芯上、下部功率；C_H、C_B 为功率-电流转换系数，与电离室效率有关；a、b、c、d 为堆芯不同部分对不同位置探测器的贡献系数。如果上、下探测器安装位置相对于堆芯轴向中心线上下对称，则

$$d = a \quad (19-4)$$
$$c = b \quad (19-5)$$

即（图 19-2）

$$I_H = C_H(aP_H + bP_B) \quad (19-6)$$
$$I_B = C_B(bP_H + aP_B) \quad (19-7)$$

由式（19-6）、式（19-7），有

$$P_H + P_B = \frac{I_H}{C_H(a+b)} + \frac{I_B}{C_B(a+b)} \quad (19-8)$$

$$P_H - P_B = \frac{a+b}{a-b}\left[\frac{I_H}{C_H(a+b)} - \frac{I_B}{C_B(a+b)}\right] \quad (19-9)$$

因此，可以令

$$K_B = \frac{1}{C_B(a+b)} \quad (19-10)$$

$$K_H = \frac{1}{C_H(a+b)} \quad (19-11)$$

$$\alpha = \frac{a+b}{a-b} \quad (19-12)$$

又

$$P_r = P_H + P_B \quad (19-13)$$
$$\Delta I = P_H - P_B \quad (19-14)$$

所以，反映反应堆相对功率水平 P_r 及轴向功率偏差 ΔI 的物理模型（图 19-2）可表示如下：

$$P_r = K_H \times I_H + K_B \times I_B \quad (19-15)$$
$$\Delta I = \alpha(K_H \times I_H - K_B \times I_B) \quad (19-16)$$

式中，P_r 为反应堆相对功率，单位为 %FP；K_H、K_B 为上、下部电流-功率转换系数，单位为 %FP/A；ΔI 为轴向功率偏差，单位为 %FP；α 为轴向功率偏差修正系数。

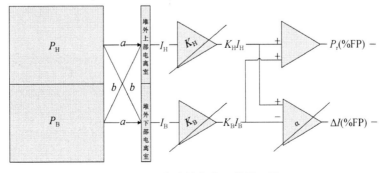

图 19-2 堆外核仪表系统原理图

为了获得堆外核仪表系统的刻度系数 α、K_H、K_B，利用堆芯功率分布测量获得的轴向功率偏移 AO_{in} 和热平衡测量系统获得的堆芯功率 W，来刻度堆外核仪表系统功率量程的刻度系数。

试验研究表明，堆内、堆外轴向功率偏移之间存在线性关系，即

$$AO_{ex} = A + B \times AO_{in} \tag{19-17}$$

式中，AO_{in} 为堆内功率分布测量获得的轴向功率偏移，单位为%；AO_{ex} 为堆外电离室测量计算得到轴向功率偏移，单位为%；A 为方程截距，单位为%；B 为方程斜率，无量纲。

其中，AO_{ex} 用堆外电离室电流计算得到

$$AO_{ex} = \frac{I_H - I_B}{I_H + I_B} \times 100 \tag{19-18}$$

前面提到，电离室电流与反应堆功率成正比，所以式(19-1)写成

$$I_H + I_B = k \times W \tag{19-19}$$

轴向功率偏移 AO_{in} 的定义如下：

$$AO_{in} = \frac{P_H - P_B}{P_H + P_B} \times 100 \tag{19-20}$$

根据式(19-20)及式(19-13)、式(19-14)，令 $P_r = W$，则 AO_{in} 和 W 的值可被用来确定轴向功率偏差 ΔI，即有

$$\Delta I = \frac{W \cdot AO_{in}}{100} \tag{19-21}$$

将式(19-17)、式(19-18)、式(19-19)代入式(19-21)，则有

$$\Delta I = \frac{AO_{ex} - A}{B} \cdot \frac{I_H + I_B}{100k} = \frac{\frac{I_H - I_B}{I_H + I_B} \times 100 - A}{B} \cdot \frac{I_H + I_B}{100k}$$

$$= \frac{1 - \left(\frac{A}{100}\right)^2}{B} \left[\frac{I_H}{k\left(1 + \frac{A}{100}\right)} - \frac{I_B}{k\left(1 - \frac{A}{100}\right)} \right] \tag{19-22}$$

对比式(19-16)、式(19-22)，可以令

$$\alpha = \frac{1 - \left(\frac{A}{100}\right)^2}{B} \tag{19-23}$$

$$K_H = \frac{1}{k\left(1 + \frac{A}{100}\right)} \tag{19-24}$$

$$K_B = \frac{1}{k\left(1 - \frac{A}{100}\right)} \tag{19-25}$$

因此根据式(19-23)、式(19-24)、式(19-25)，只要知道其中的 A、B、k，就可以求出 K_H、K_B、α。那么根据式(19-15)、式(19-16)，堆外核仪表系统的核功率和轴向功率偏差就可以实时计算得到。

有了测量得到的 I_H、I_B、W，根据式(19-19)可以很容易计算得到功率-电流转换系数 k。

而 A、B 需要根据堆内、堆外轴向功率偏移之间存在的线性关系即式(19-17)求得。两点确定一条直线,因此,只要有两个不同的 AO 就可以确定这条直线,得到 A、B。

19.2 多 点 法

"多点法"(相对于后面"一点法")是传统的堆内外核测互校方法。根据上一节的原理可知,只要有两个不同的 AO 就可以确定直线,得到 A、B。然而由此得到的 K_H、K_B、α 是用于核仪表系统获得核功率和轴向功率偏差的信号从而为反应堆提供保护,因此,准确测量 A、B 值非常重要。为了准确得到这两个值,根据式(19-17),最好的方法就是测量多个不同的 AO,然后用最小二乘法拟合得到斜率 B 和截距 A,这就是所谓的"多点法"。

19.2.1 氙振荡法

氙振荡法是通过引发氙振荡来改变 AO 的方法,由于测量状态下的控制棒棒位与运行状态下的一致,因此 AO 的变化未影响径向功率分布,测量得到的系数更能反映反应堆运行状态,结果比较准确。

在功率运行状态下,进行一个堆芯功率分布测量,测量得到一个 AO_{in}。同时记录 I_H、I_B,并用热平衡方法测量堆芯热功率 W。

然后稀释插棒,将控制棒插入到接近插入限附近。控制棒保持在该位置运行约 4 h 后,硼化提棒,将控制棒恢复到初始棒位。以上过程已经引发轴向氙振荡。

在 AO 每变化大约1%时,即可进行堆芯功率分布测量、热平衡测量 W 及 I_H、I_B 测量。一般进行6个堆芯功率分布测量,AO 最大变化不小于6%即可。

对于离线堆芯功率分布测量系统,由于此时 AO 正在变化,因此应使用部分通量图测量以缩短测量时间,达到对堆芯快速"拍照"(表 19-1)。需要注意的是,在使用部分通量图测量时,选取的测量通道要具有代表性,其应尽可能覆盖 1/8 堆芯而又不重复(图19-3),测量得到的 AO 既有代表性且时间又短。

表 19-1 部分注量率图测量顺序

测量序号	1号探测器	2号探测器	3号探测器	4号探测器	5号探测器
1	5	13	24	37	48
2	3	20	30	31	47
3	10	15	28	38	45

19.2.2 动棒法

动棒法是通过移动控制棒来改变 AO 的方法,是对氙振荡法的一个优化。其优点是试验时间比较短,缺点是控制棒移动除了改变 AO 外也改变了径向功率分布,从而改变了 I_H、I_B,造成测量精度略有下降,但它也满足工程测量要求。因此其优点多于缺点。

	H	G	F	E	D	C	B	A	
8			(37)		(38)		47		270°
9		(13)		(20)	(5)	(3)		(10)	
10			(31)		(48)		(45)		
11				28	(24)	(15)			
12					30				

图 19-3　部分注量率图测量通道在 1/8 堆芯对称位置的布置

在功率运行状态下，进行一个堆芯功率分布测量，测量得到一个 AO_{in}。同时记录 I_H、I_B，并用热平衡方法测量堆芯热功率 W。

然后调硼动棒，在 AO 变化大约 1% 时，再次进行堆芯功率分布测量，I_H、I_B、W 测量。对于离线堆芯功率分布测量系统，可以使用部分通量图测量。

重复以上步骤，一般进行 6 个（部分）堆芯功率分布测量，AO 最大变化不小于 6% 即可。

19.2.3　多点法的注意事项

对于多点法，一个非常重要的问题就是准确测量 A、B 值。虽然进行多个功率分布测量，然后用线性拟合是一种方法，但还远远不够。另一个很重要的要求就是测量 AO 要有变化，且变化足够大，才能真正保证对 A、B 值的测量。

工程上一般进行 6 个堆芯功率分布测量，AO 最大变化不小于 6% 即可满足精度要求。如图 19-4 所示，从图中可以看出，拟合直线的斜率基本相当，符合预期。这样得到的刻度系数，特别是 4 个通道的 α 值，差异比较小。

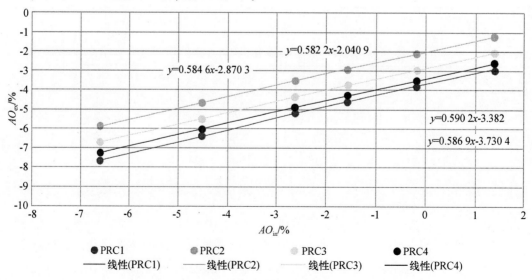

图 19-4　FQU3C2 某次刻度试验的 AO 关系拟合直线

而某电厂某次的刻度 AO 变化太小,变化量最大不到3%,这样无法保证对 A、B 值的准确测量。如图 19-5 所示,从图中可以看出,拟合直线的斜率有较大的差异,截距的离散度也比较大,这样得到的刻度系数,特别是4个通道的 α 值差异比较大。这样在运行中如果 AO 变化超过试验值时,4个通道的核功率与轴向功率偏差会产生比较大的偏差,可能触发功率高报警、象限功率倾斜、轴向功率偏差之差报警等。

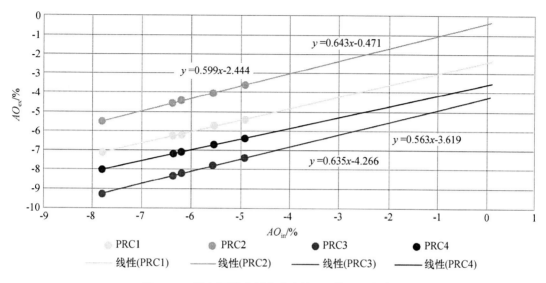

图 19-5 某电厂某次刻度试验的 AO 关系拟合直线

刻度试验结果比较见表 19-2。

表 19-2 刻度试验结果比较

	FQU3C2 某次刻度试验				某电厂某次刻度试验			
	PRC1	PRC2	PRC3	PRC4	PRC1	PRC2	PRC3	PRC4
α	1.701 9	1.708 8	1.711 2	1.681 4	1.669 7	1.556 1	1.572 9	1.774 2
K_H(%FP/μA)	0.486 7	0.476 0	0.480 3	0.490 2	0.920 2	0.813 5	0.924 4	0.927 2
K_B(%FP/μA)	0.451 7	0.457 0	0.453 5	0.458 2	0.876 2	0.805 9	0.848 7	0.862 4
说明	6个通量图,AO 变化7.9%				5个通量图,AO 变化不到2.9%			

19.2.4 多点法之优化

在传统的堆内外核测互校试验的条件中,一般要求氙平衡。然而在整个原理推导过程中,没有氙平衡的假设,换句话说,该试验并不需要氙平衡这个条件。为此福清核电厂进行此项试验时,取消了该条件的要求,使该试验不再占用主线时间,为调试启动和换料启动物理试验缩短了大量的主线时间。

当然,由于氙不平衡,对堆芯径向的功率分布略有影响,从而对功率-电流转换系数 k 略有影响。但实践证明,这种影响在工程上可忽略。

19.3 一 点 法

"一点法"是相对于前面传统的"多点法"而言的。传统的堆内外核测互校方法需要用试验测量多个不同的 AO 来确定直线,得到 A、B。而"一点法"只做一个功率分布测量试验,用试验结果结合核设计软件模拟氙振荡计算得到直线的系数 A、B。

在功率运行状态下,进行一个堆芯功率分布测量,测量得到一个 AO_{in}。同时记录 I_H、I_B,并用热平衡方法测量堆芯热功率 W。则首先可以根据式(19-19)计算得到 k。

用与 19.2.1 节相同的方法,在试验状态相同的功率水平下,用三维核设计软件模拟氙振荡。由于用软件模拟,控制棒不受插入限的限制,可插入到接近堆芯中部,氙振荡可以使 AO 的变化范围更大,从而增大刻度系数的适用范围。用氙振荡出来的计算结果可以得到一系列的 AO_{in}^{th} 和堆芯三维功率分布。

与 11.4 节的动态刻棒一样,用堆外响应函数与堆内功率分布的关系计算堆外探测器位置的中子注量率,即

$$\text{堆外探测器位置的中子通量} = \varphi \times \frac{\Sigma_{xyz}(P_{xyz} \times \omega_{xyz} \times V_{xyz})}{\Sigma_{xyz}(V_{xyz})} \quad (19-26)$$

式中,P_{xyz} 为堆芯三维功率分布;V_{xyz} 为源项体积;ω_{xyz} 为堆外探测器权重因子,指堆内任意位置设置一个中子源,堆外探测器位置的中子注量率水平或探测器的计数;φ 为反应堆平均中子注量率。

由式(19-26)可以得到一系列的堆外上部探测器的中子注量率 φ_h,堆外下部探测器的中子注量率 φ_b。则对于每个理论功率分布都有 $\{AO_{in}^{th}, \varphi_h, \varphi_b\}$。

从一系列的理论 AO 中找到一个与实测 AO_{in} 相等或相一致的 AO_{in}^{th},用它对应的 φ_h、φ_b 与测量得到的 I_H、I_B 计算探测器的效率,即

$$\eta_h = \frac{I_H}{\varphi_h} \quad (19-27)$$

$$\eta_b = \frac{I_B}{\varphi_b} \quad (19-28)$$

式中,η_h、η_b 分别为堆外上部、下部的探测器用实测值标定的效率。

有了探测器效率以后,就能计算理论的探测器电流,即

$$I_H^{th} = \eta_h \times \varphi_h \quad (19-29)$$

$$I_B^{th} = \eta_b \times \varphi_b \quad (19-30)$$

这样根据式(19-18)得到理论的 AO_{ex},即:

$$AO_{ex}^{th} = \frac{I_H^{th} - I_B^{th}}{I_H^{th} + I_B^{th}} \times 100 \quad (19-31)$$

有了一系列的 $\{AO_{in}^{th}, AO_{ex}^{th}\}$,就可以根据式(19-17)的线性关系做最小二乘法拟合,确定直线的截距和斜率 A、B。

$$AO_{ex}^{th} = A + B \times AO_{in}^{th} \quad (19-32)$$

有了 A、B、k，根据式(19-23)、式(19-24)、式(19-25)就可以求出 K_H、K_B、α。应用"一点法"技术，不需要调整堆芯状态，不产生废液，试验时间短，仅需要进行数据处理即可。实际上相当于将功率分布测量试验与堆内外核测仪表互校试验合二为一。

第20章 氙振荡试验

中子注量率较高($>10^{13}$ n·cm^{-2}·s^{-1})的大型动力堆，在总功率不变的情况下，如果某局部功率减小，则另外区域的功率就会增大；而由于功率减小，该局部区域氙毒会加深，这又进一步使该局部区域功率减小，同时该区域碘的产量也减少，而另外区域刚好相反；由于前期碘的产量减少及碘衰变的延迟，一段时间后该区域氙毒减弱，从而使功率开始增大，同时该区域碘的产量也增加，而另外区域刚好相反；如此不断发生氙分布振荡的现象。由于振荡与氙毒有关，因此称为氙振荡。氙振荡可能使局部功率过高，造成包壳烧毁，不利于堆的安全运行。另外，长期的局部功率变化可能使材料发生疲劳，威胁反应堆的安全运行。氙振荡可分为径向氙振荡和轴向氙振荡，控制棒的移动比较容易引发轴向氙振荡。因此设计上要求，反应堆的轴向氙振荡是收敛的，或通过控制棒是可抑制的。本章后续讨论的氙振荡试验主要是指轴向氙振荡试验。

氙振荡试验利用控制棒人为引发轴向氙振荡，通过测量轴向功率偏移随时间变化的特性来验证堆芯是否满足设计要求。

20.1 试验方法

反应堆稳定在70%FP水平运行，并达到氙平衡状态。轴向功率偏差稳定在目标范围内。功率量程系数已经校刻并已更新设置。

约用0.5 h边稀释边插入控制棒，并保持功率稳定。直到控制棒下插到预期棒位，一般可下插20~30步。控制棒插到预期棒位后，在此棒位停留4~6 h。然后一边硼化，一边逐段提升控制棒组，保持反应堆功率不变，约用0.5 h将控制棒提到初始棒位，以引发轴向氙振荡。

在功率和棒位不变的条件下，每隔1~2 h进行一个部分通量图测量，至少到轴向功率偏移(AO)的下一峰值或谷值出现。在此期间，冷却剂平均温度出现偏差可通过调硼来控制反应性。

注意控制棒棒位不要低于控制棒插入限。根据允许的控制棒下插量，可以用核设计软件预先模拟引发轴向氙振荡的下插时间，应在理论上确保轴向功率偏差不会超出运行图边界。如图20-1所示，是功率保持在70%FP，控制棒下插20步并停留6 h，插棒、提棒都用时0.5 h，由核设计软件计算的轴向氙振荡模拟曲线。

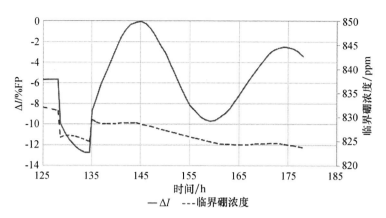

图 20-1 核设计软件计算的轴向氙振荡模拟曲线

20.2 数据处理方法

堆内功率分布测量经功率分布软件处理可得到堆内测量轴向功率偏移 AO_{in}。另外,堆外功率量程通道的功率和轴向功率偏差,用式(19-21)计算:

$$AO_{ex} = \frac{100\Delta I}{P_r} \tag{20-1}$$

用 AO_{in} 和对应时间的 AO_{ex} 进行线性拟合,用拟合公式重新对所有的 AO_{ex} 进行校正,得到校正后的 AO_{ex}。

将 AO 随时间变化作图,控制棒提到初始棒位后的自由振荡 $AO(t)$ 可表示为

$$AO = Ae^{Bt}\cos\left(\frac{2\pi}{T}t\right) + C \tag{20-2}$$

式中,T 为振荡周期;A 为振幅;B 为稳定性指数;C 为振荡中心。

对 AO 随时间变化曲线寻找峰值或谷值,通过 1 个周期峰值或半个周期峰谷值的时间差,可确定振荡周期 T。

将 $AO(t)$ 与 $T/2$ 后的 AO 值相减,即 $AO(t)-AO(t+T/2)$,当其值为 0 时,对应的时间分别为 $t=-\frac{T}{4}$、$\frac{T}{4}$,其对应的 AO 即为振荡中心 C,两个时间的中心即为 $t=0$ 时刻的点。

根据式(20-2),当 $t=0$ 时,

$$AO_1 = A + C \tag{20-3}$$

当 $t=\frac{T}{2}$ 时,

$$AO_2 = -Ae^{Bt} + C \tag{20-4}$$

根据以上几个式子就可以把自由振荡 AO 随时间变化拟合曲线的参数确定下来。

如图 20-2 的氙振荡试验是在某电厂 1 号机组上进行,功率水平为 $70\%FP$,由于受试验时间限制,没有完成一个振荡周期的测量。根据以上所述的数据处理方法可以客观地得到拟合曲线的参数(表 20-1)。

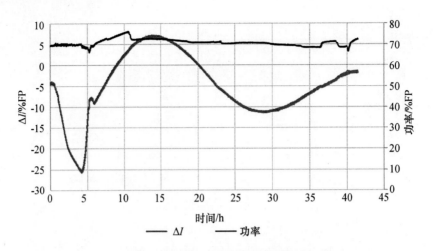

图 20-2 氙振荡试验中的功率与轴向功率偏差的变化曲线

表 20-1 某电厂 1 号机组氙振荡试验数据处理结果

$AO_1/\%$	$AO_2/\%$	振荡中心 $C/\%$	振幅 $A/\%$	稳定性指数 B/h^{-1}	振荡周期 T/h
9.07	−15.95	−6.69	15.77	−0.035 5	30

图 20-3 是氙振荡试验中的 AO 校正后与 AO 拟合曲线随时间的变化,自由振荡开始后二者完美的重叠。间接证明了拟合曲线参数的正确性。本次试验的稳定性指数 B 小于 0,说明某电厂 1 号机组核反应堆轴向氙振荡是收敛的,满足设计要求。

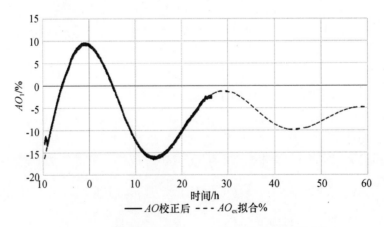

图 20-3 氙振荡试验中的 AO 拟合曲线随时间的变化

第 21 章 HZP 到 HFP 反应性之差

在第 15 章讨论了几种功率系数的测量，传统的方法由于数据处理难以客观体现，基本上被放弃。本书提到的在零功率下进行功率系数测量的优化方法，虽然结果是客观的，但其结果只能代表零功率状态的功率系数。为此，如第 16 章用在功率平台下测量反应性系数比来间接验证功率系数。还有一种就是本章所讨论的通过确定零功率到满功率的反应性之差来间接验证功率亏损。

21.1 试验原理

反应堆从零功率变化到满功率，假设这两个状态的控制棒全提出堆芯，平均温度与参考温度没有发生偏差，满功率状态下达到氙平衡，这两个状态反应堆都处于临界状态，根据式(3-32)，反应性平衡方程如下：

$$\Delta\rho_{cb} + \Delta\rho_{ps} + \Delta\rho_{bu} + \Delta\rho_{pr} = 0 \quad (21-1)$$

则根据式(21-1)，两个功率平台之间的功率亏损变化量：

$$\Delta\rho_{pr} = -(\Delta\rho_{cb} + \Delta\rho_{ps} + \Delta\rho_{bu}) \quad (21-2)$$

或者功率亏损和毒的总变化量：

$$\Delta\rho_{pr} + \Delta\rho_{ps} = -(\Delta\rho_{cb} + \Delta\rho_{bu}) \quad (21-3)$$

为了便于与设计值比较，将功率亏损和毒的总变化量折合成硼浓度变化量，即

$$\frac{\Delta\rho_{pr} + \Delta\rho_{ps}}{\alpha_b} = c_{B\,hzparo} - c_{B\,hfparo} - \frac{\Delta\rho_{bu}}{\alpha_b} \quad (21-4)$$

式中，$c_{B\,hzparo}$ 为寿期初、零功率、全提棒时的临界硼浓度；$c_{B\,hfparo}$ 为寿期初、满功率、全提棒、平衡氙时的临界硼浓度；$\Delta\rho_{bu}$ 为两个状态点的燃耗差引起的反应性变化量。

21.2 试验方法

这里不需要做专门的试验，只需要知道零功率、满功率全提棒的临界硼浓度，在第 10 章已经分别讨论了满功率、零功率全提棒的临界硼浓度测量计算方法。需要注意的是满功率状态应达到氙平衡。

21.3 数据处理

以福清核电厂 U1C6 为例，寿期初零功率棒位为 203 步时的测量临界硼浓度为

2 083 ppm,经计算,零功率、全提棒临界硼浓度为 2 092.9 ppm,其对应的理论值为 2 093 ppm。寿期初平衡氙燃耗为 211 MWd/tU、功率为 99.1%FP、棒位为 209 步时的测量临界硼浓度为 1 408 ppm。经计算,满功率、全提棒、平衡氙临界硼浓度为 1 407.2 ppm,其对应的理论值为 1 436 ppm。根据计算,由两个状态点的燃耗差引起的反应性变化折合的硼浓度变化量为

$$\frac{\Delta\rho_{bu}}{\alpha_b} = \frac{-283}{-6.5} = 43 \text{ ppm}$$

测量的功率亏损和毒总变化量折合成硼浓度变化量:

$$\frac{\Delta\rho_{pr} + \Delta\rho_{ps}}{\alpha_b} = 2\,092.9 - 1\,407.2 - 43 = 642.7 \text{ ppm}$$

理论的功率亏损和毒总变化量折合成硼浓度变化量:

$$\frac{\Delta\rho_{pr} + \Delta\rho_{ps}}{\alpha_b} = 2\,093 - 1\,436 - 43 = 614 \text{ ppm}$$

测量与理论的功率亏损和毒总变化量硼浓度偏差量:

$$\left(\frac{\Delta\rho_{pr} + \Delta\rho_{ps}}{\alpha_b}\right)^m - \left(\frac{\Delta\rho_{pr} + \Delta\rho_{ps}}{\alpha_b}\right)^c = 642.7 - 614 = 28.7 \text{ ppm}$$

21.4 方法优化

以上方法可用来测量零功率到满功率的反应性。但试验的主要目的不是为了测量,而是为了将测量值与理论值比较来验证核设计,则根据式(21-4),测量与理论的功率亏损和毒总变化量硼浓度偏差量为:

$$\left(\frac{\Delta\rho_{pr} + \Delta\rho_{ps}}{\alpha_b}\right)^m - \left(\frac{\Delta\rho_{pr} + \Delta\rho_{ps}}{\alpha_b}\right)^c = (c_{B\,hzparo} - c_{B\,hfparo})^m - (c_{B\,hzparo} - c_{B\,hfparo})^c$$

(21-5)

式中,上标 m、c 分别代表测量值和理论值。

则根据式(21-5)就可以不用计算燃耗引起的反应性变化量了,只需要零功率、满功率的状态一致即可,从而简化了验证。

再以前面例子为例,寿期初零功率、全提棒临界硼浓度为 2 092.9 ppm,其对应的理论值为 2 093 ppm。寿期初平衡氙燃耗为 211 MWd/tU、满功率、全提棒、平衡氙临界硼浓度测量值为 1 407.2 ppm,其对应的理论值为 1 436 ppm。则测量与理论的功率亏损和毒总变化量硼浓度偏差量:

$$\left(\frac{\Delta\rho_{pr} + \Delta\rho_{ps}}{\alpha_b}\right)^m - \left(\frac{\Delta\rho_{pr} + \Delta\rho_{ps}}{\alpha_b}\right)^c = (2\,092.9 - 1\,407.2) - (2\,093 - 1\,436) = 28.7 \text{ ppm}$$

第 22 章　物理试验结果偏差及原因

完成启动物理试验以验证反应堆堆芯可以按预期的设计运行。这些试验的结果同样可用来验证设计模型,这些核设计模型用于预计堆芯的特性,这些预计值将继续与测量数据保持一致。

由于在试验过程中可能会遇到某些问题或缺陷,以及试验条件与做试验预测和制定准则时所假设的条件有多大程度偏离都是未知的。因此,必须根据常识和积累的经验(以前的换料周期、同类型核电厂的经验等)使用这些试验准则,以确定堆芯是否满足试验大纲的要求。不能简单地根据满足或不满足试验准则去判断堆芯在给定的范围内是否有缺陷。如果所有试验都满足各自的试验准则,但裕量非常小,则也要对整个启动试验程序进行评估,即要根据以前的换料周期和同类堆芯的结果对试验结果重新做出评价。许多问题会导致几个参数偏离预期的试验结果,如发生堆芯错装载,将直接影响堆芯的功率分布,控制棒价值的测量结果也可能无法满足验收准则,临界硼浓度可能与预期值偏差较大。表 22-1 列出了这类问题及在过去发现这些问题的可能原因。

表 22-1　问题识别

标准试验	堆芯错装载a	控制棒价值低	燃料(组件)弯曲/损坏	硼(^{10}B)含量	分析错误	流量/温度不正常	可燃毒物不足	控制棒机械故障/误装	富集度错误	燃料积垢过多	测量过程失败
HZP、ARO 临界硼浓度	2			1	1		2	2	2		2
棒价值	2	1	2		1		2	1	2	2	1
等温温度系数				2	1				2		2
中子注量率分布对称性	1	2	2		1	2	2	1		2	
功率分布	1		2		1	1	1	1	1	2	
HZP 到 HFP 反应性之差				1	1		2	2	2	2	

注:
1. 这个问题将极可能出现意外的试验结果。
2. 这个问题可能出现意外的试验结果。
a. 包括所有相关的燃料、控制组件和其他插入物。

表(22-1)可为某个特定堆芯的意外结果提供可能的解释。通过对结果的综合评价,为反应堆堆芯按预计运行提供更多的保障。

对试验结果的评价采用试验准则。试验准则是根据采用的试验方法、测量仪器、理论计算模型等的误差综合确定的。

试验准则典型的应用情况可归为三种。

(1)各单项试验结果在它们的试验准则范围内,并且总的符合情况是可接受的。从启动试验大纲开始,如果完成了所有的试验,则转入运行阶段;将结果放入数据库中;将结果返回到设计部门以便输入数据库来确认设计规范和(或)设计模型。

(2)各单项试验结果在其试验准则的范围内,但是结果表现出系统性偏差,这些偏差以前并没有被观察到或与过去的偏差不一致。审查所有试验结果、设备和程序,以便确定问题范围是否可以在表22-1中找到;将结果返回到设计部门用于审查和评价;评价其余的试验项目以确定是否要做补充试验。

(3)如果有一个或几个试验准则没有被满足。根据现有数据评价试验结果,对照预计时的假设审查试验条件;如必要,重复有疑问的试验;审查试验结果,以便确定是否可在表22-1中识别出问题范围;将结果返回到设计部门进行审查、评价,并提出建议;连同所有启动试验结果和过去的趋向一起审查,以确定正在进行的试验是否应该重复、施加限制、暂停或扩展;基于上述所有的审查和其他试验结果,确定试验结果对安全分析的可能影响,并为以后电站的运行建立基本规则。

表22-2列出了一些补充试验,这些试验可能有助于确定堆芯物理特性异常的原因,以便对这些问题进行修正,并可开始功率运行。

表22-2　问题识别的补充试验

补充试验	堆芯错装载	控制棒价值低	燃料(组件)弯曲/损坏	硼(^{10}B)含量	分析错误	流量/温度不正常	可燃毒物不足	控制棒机械故障/误装	富集度错误	燃料积垢过多	测量过程失败
轴向功率形状(棒价值曲线形状)	2	1	1		1		2	1		1	
扩展的棒价值测量	1	1			1			1	2		2
硼微分价值		2		1							1
反应性仪校验					2						1
额外的对称性试验	1	1				2	2				
扩展的功率分布测量	1	1	1		1	1	1	1	1	2	
有功率下温度系数/功率亏损				2	2	2	1			2	1

表 22-2(续)

补充试验	堆芯错装载	控制棒价值低	燃料(组件)弯曲/损坏	硼(^{10}B)含量	分析错误	流量/温度不正常	可燃毒物不足	控制棒机械故障/误装	富集度错误	燃料积垢过多	测量过程失败
一回路流量或压降测量			2			1				1	
堆芯热电偶测量	2					2		2	2	2	
电阻温度探测器数据校正/评估						2		2			
冷却剂/放射化学		2	2	1				2		2	

注：
1. 这个问题将极可能出现意外的试验结果。
2. 这个问题可能出现意外的试验结果。

当堆芯设计有明显变动时，应该重新审查试验大纲以便确定是否需要扩充试验范围。属于这类明显变动的有首次使用新的燃料循环设计、燃料富集度的重大变化、燃料组件设计变更、通量抑制插入物的使用、可燃毒物设计变更、由计划外短换料周期所导致的堆芯、延伸运行、重新插入已经在乏燃料水池超期存放的燃料等。这些变动可能导致运行范围在电厂数据库以外，因此，可能需要扩充试验大纲。

参 考 文 献

[1] 广东核电培训中心. 900 MW 压水堆核电站系统与设备[M]. 北京:中国原子能出版社,2005.
[2] 王文滋,孙景海,杨友琏. 堆芯自给能中子通量探测器[J]. 核技术,1980(1):1-14.
[3] 李泽华. 核反应堆物理[M]. 北京:中国原子能出版社,2010.
[4] STACEY W M. 核反应堆物理[M]. 2版. 丁铭,曹夏昕,杨小勇,等译. 北京:国防工业出版社,2017.
[5] 胡大璞,郑福裕. 核反应堆物理实验方法[M]. 北京:中国原子能出版社,1988.
[6] 蔡章生. 核动力反应堆中子动力学[M]. 北京:国防工业出版社,2005.
[7] 核反应堆的核物理 第9章 核反应堆动力学[EB/OL].(2024-08-01). https://wenku.baidu.com/view/f7b74c03eb7101f69e3143323968011ca300f7a6.html?_wkts_=1670555969571&bdQuery=%E6%A0%B8%E5%8F%8D%E5%BA%94%E5%A0%86%E7%9A%84%E6%A0%B8%E7%89%A9%E7%90%86%E7%AC%AC9%E7%AB%A0+%E6%A0%B8%E5%8F%8D%E5%BA%94%E5%A0%86%E5%8A%A8%E5%8A%9B%E5%AD%A6
[8] 蔡光明,阮良成. 代中子时间法求解点堆中子动力学方程[J]. 核科学与工程,2012,32(4):301-314.
[9] 工业和信息化部,国防科技工业局. EJ/T 632-2016 反应性仪特性和测试方法[S]. 北京:中国标准出版社,2016.
[10] 蔡光明. 反应堆一回路可溶硼^{10}B 丰度的跟踪计算[J]. 核科学与工程,2007,27(3):240-245.
[11] 蔡光明. 落棒法测量所有控制棒全插时的棒价值[J]. 核科学与工程,2005,25(2):154-158.
[12] CHAO Y A. Dynamic rod worth measurement[J]. Nuclear Technology,2000,132:403-412.
[13] 福建福清核电有限公司(蔡光明;刘国明;高鑫;何子帅;郑东佳;程宏亚;胡娟). 一种零功率物理试验等温温度系数测量值修正方法:中国,ZL 2016 1 1052690.0[P]. 2019-04-16.
[14] 高鑫,刘国明,蔡光明. 慢化剂温度系数为正时硼浓度限值研究[J]. 核科学与工程,2017,37(2):203-209.
[15] American Nuclear Society. Calculation and measurement of the moderator temperature coefficient of reactivity for water moderated power reactors[S]. USA:ANSI/ANS,1997.
[16] 福建福清核电有限公司(蔡光明;胡娟;耿飞;程宏亚;孟凡锋;李振振;郑东佳;鲁忆迅;吴敏杰). 一种反应堆功率系数测量方法:中国,ZL 2017 10936814.X.[P]. 2019-09-17.

[17] 陈睿,肖志,曹健,等.核电厂堆芯物理试验功率亏损和功率系数项目的探讨[J].核安全,2011(2):25-29.

[18] American Nuclear Society. Seload startup physics tests for pressurized water reactors[S]. USA:ANSI/ANS,2005.